7天升级版
家常菜

7天编委会◎编

吉林科学技术出版社

A / 手机扫描菜品所属二维码，即可观赏到超详解视频。

B / 直观易懂的制作步骤，图文并茂地阐述菜品的详细制作过程。

E 江南盆盆虾 **D**

口味
鲜咸

原料

河虾300克／香菜25克／芝麻15克／小葱15克／味精少许／胡椒粉1小匙／酱油2大匙／蚝油2小匙／料酒1大匙／植物油适量

制作

1 把河虾放入淡盐水中浸洗干净，捞出，换清水洗净，沥净水分；小葱去根和老叶，洗净，切成细末。

2 净锅置火上，□□□□小火煸炒至熟香，出锅、晾□□老叶，洗净，切成细末。

3 净锅置火上，加上植物油烧至六成热，加入胡椒粉、料酒、酱油、味精、蚝油和清水煮沸，出锅装碗成味汁。

4 净锅置火上，加上植物油烧至八成热，放入河虾炸至酥脆，出锅、装碗，放上小葱末、香菜末搅拌均匀，倒入味汁盆中，撒上熟芝麻即成。

小窍门

盆盆虾虽没有用到特殊调料，也没有复杂的做法，却是江南地区的名菜。江南盆盆虾是四季都受欢迎的好菜，酒席上人见人爱，家常菜里更少不了。制作时，河虾洗净后一定要将水分充分沥干，这样炸制时可以避免油星四处飞溅，伤到皮肤。

166

D / 每道菜都有准确的口味标注，让您第一时间寻找到自己所爱。

E / 市面上最流行的500本菜谱10万道菜品中精选出本书菜品。

C/ 超详尽分解步骤图更直
观地与您分享菜品制作
过程之美。

6 美味水产篇

Ⓐ

DVD

167

TIPS: 本套丛书部分视频刻录
在随书附赠光盘中

1 打开智能手机（或者平
板电脑）的微信扫一扫
功能。

2 在良好的光线下，对准
本书中菜品的二维码，
进行识别扫描。

3 点击播放键，即可欣
赏到高清全剧情版烹
饪视频。

Author 7天编委会

刘国栋：中国饮食文化国宝级大师，著名国际烹饪大师，商务部授予中华名厨（荣誉奖）称号，全国劳动模范，全国五一劳动奖章获得者，中国餐饮文化大师，世界烹饪大师，国家级餐饮业评委，中国烹饪协会理事。

张明亮：从事餐饮行业40多年，国家第一批特级厨师，中国烹饪大师，国家高级公共营养师，全国餐饮业国家级评委。原全聚德饭庄厨师长、行政总厨，在全国首次烹饪技术考核评定中被评为第一批特级厨师。

李铁钢：《天天饮食》《食全食美》《我家厨房》《厨类拔萃》等电视栏目主持人、嘉宾及烹饪顾问，国际烹饪名师，中国烹饪大师，高级烹饪技师，法国厨皇蓝带勋章获得者，法国美食协会美食博士勋章获得者，远东区最高荣誉主席，世界御厨协会御厨骑士勋章获得者。

张奔腾：中国烹饪大师，饭店与餐饮业国家一级评委，中国管理科学研究院特约高级研究员，辽宁饭店协会副会长，国家高级营养师，中国餐饮文化大师，曾参与和主编饮食类图书近200部，被誉为"中华儒厨"。

韩密和：中国餐饮国家级评委，中国烹饪大师，亚洲蓝带餐饮管理专家，远东大中华区荣誉主席，被授予法国蓝带最高骑士荣誉勋章，现任吉林省饭店餐饮烹饪协会副会长，吉林省厨师厨艺联谊专业委员会会长。

高玉才：享受国务院特殊津贴，国家高级烹调技师，国家公共营养技师，中国烹饪大师，餐饮业国家级考评员，国家职业技能裁判员，吉林省名厨专业委员会会长，吉林省药膳专业委员会会长。

马长海：国务院国资委商业技能认证专家，国家职业技能竞赛裁判员，中国烹饪大师，餐饮业国家级评委，国际酒店烹饪艺术协会秘书长，国家高级营养师，全国职业教育杰出人物。

夏金龙：中国烹饪大师，中国餐饮文化名师，国家高级烹饪技师，中国十大最有发展潜力的青年厨师，全国餐饮业国家级评委，法国国际美食会大中华区荣誉主席。

《我家厨房》栏目组
制作人：宋杰
策　划：韩悦
主　编：朱琳
编　委：宋杰　陈强　朱麟　刘莹　温亮　蒋志进
图片摄影：王大龙　杨跃祥

民以食为天，造就了家常菜种类的繁多。而对于初学烹饪者，需要多长时间才能学会家常菜，是他们最关心的问题。为此，我们在原有《7天学会》系列图书的基础上，进行升级改版，编写了《7天升级版家常菜》《7天升级版家常川菜》《7天升级版家常炒菜》《7天升级版家常汤煲》《7天升级版家常主食》五本图书。

《7天升级版》调整的主要内容如下：一是菜肴在表现上增加了二维码形式，读者可以通过扫描菜肴上的二维码，轻松观看菜肴制作的视频；二是每本图书配送大容量DVD光盘，我们选取图书中比较有代表性的菜肴，制作成大容量DVD光盘，赠送给读者，物超所值；三是在菜肴选取和安排上有很多变化，菜式上增加了很多近年来比较流行的菜品，并且菜肴增加了步骤图，真正做到菜肴步骤全分解展示。

《7天升级版》图书针对初学烹饪者，用通俗易懂的语言、清晰的操作步骤和海量的图片，为您详细讲解家常菜的烹制技法，使您在7天内学会烹调各种美味的家常菜肴。

美食也是一种享受生活的方式，忙碌的我们也许没有太多时间来享受生活，但吃饭是每天必需的事情。希望《7天升级版》图书能成为您家庭饮食方面的好参谋，不仅可以使您在烹调的过程中享受到其中的乐趣，而且更能体味到美食中那一份醇美，那一缕温暖，那一种幸福。

7天编委会

目录 Contents

第1天　家常菜基础篇

第2天 家常菜入门篇

第3天 营养畜肉篇

第4天 蔬菜菌藻篇

第6天 美味水产篇

第7天 特色主食篇

第1天

家常菜基础篇

Jiachangcai Jichupian

家常菜

常用原料

Changyong Yuanliao

烹饪原料又称烹调食材、烹调原料等,是指供给人类通过烹饪手段制作出可以满足人们食品需要的物质材料,这些材料包括天然材料和经过加工的材料,是人们通过膳食为人体提供必需营养成分的主要物质来源。

中国烹饪素以择料严谨而著称。清代烹饪理论家袁枚对选料作过论述:"凡物各有先天,……,物性不良,虽易于烹之,亦无味也。……大抵一席佳肴,司厨之功居其六,采办之功居其四。"换句话说,美味佳肴的制作取决于厨师烹调水平的高低,而烹调水平的发挥,则在一定程度上取决于菜肴原料的正确选用。由此可见,原料选用是制作菜肴的重要环节。

畜肉保鲜方法

★ 将调好的芥末面和鲜畜肉放在盘子里,再将盘子置于密封的容器内(如高压锅),可存整日不变质。

★ 肉切成片,在铁锅内加入适量的油,用旺火烧热,然后放入肉片煸炒至变色,盛出晾凉,放入冰箱的冷藏室里,可贮藏2～3天。

★ 将畜肉切成大小均匀的长条块或方块,在畜肉表面涂上少许蜂蜜,再用线把畜肉串起来,挂在通风处,可存放一段时间,肉味也会更加鲜美。

★ 畜肉切成1厘米厚的大片,用沸水焯烫一下,捞出、晾凉,涂上少许精盐,装入容器内,用纱网封口,置通风阴凉处,夏天也可保存1周左右。

★ 鲜畜肉收拾干净,放入高压锅内,上火煮至排气孔冒气,然后扣上限压阀端下,可保存3天。

★ 鲜畜肉煮至熟,趁热放入刚熬好的熟猪油里,可保存较长时间不变质。

★ 用葡萄糖溶液对鲜畜肉表面进行喷雾处理,可保鲜1个月以上。

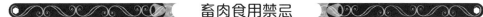

去除家畜内脏异味窍门

★ 清洗畜肠、畜肚时，加一些碱和食醋并反复揉搓，就可去除里外的黏液和恶味。

★ 清洗畜肺时，可将气管套在自来水管上，用流水冲洗数遍，直至洗净杂物，肺叶呈淡红色时就没有异味了。

★ 清香畜舌时，可先将畜舌浸泡在开水中或投入沸水中焯一下，捞出，刮去舌苔和白皮，再洗刷干净即可。

★ 畜肝有一股秽味，清洗时可先用面粉和米醋揉搓后，再用清水冲净，秽味即除。

畜肉食用禁忌

忌食畜肉"三腺"

猪、牛、羊、狗等体内的甲状腺、肾上腺与淋巴腺均应忌食。这是因为甲状腺（即栗子肉）、肾上腺、淋巴腺均含有毒的物质。人误食后会出现呕吐、头痛、腹痛、手麻、舌麻、心跳加快、瞳孔放大、血压增高等中毒症状。

忌常吃腌畜肉

腌畜肉不宜常吃，这是由于腌畜肉是嗜盐菌的良好培养基，而嗜盐菌中含有与肠毒素相似的毒素，它会破坏肠黏膜，造成胃肠功能紊乱并中毒，出现腹痛、恶心、呕吐、血样便等症状。

忌食生肉或半生肉

有些地区的居民有吃生畜肉的不好习惯，这是十分危险的吃法，极易感染炭疽病、布氏杆菌病、沙门氏菌病、绦虫病、弓型体病，特别是旋毛虫病更是常见。

忌食烧焦的畜肉

烧焦了的畜肉，其中高分子蛋白质会分解为低分子氨基酸，它在热分解中形成毒性很强的色氨酸，人食用后对身体健康危害极大。

畜肉切制小诀窍

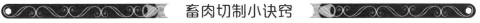

猪肉要斜切

猪肉的肉质比较细，筋少，在切时如果横切成丝或片，炒熟后的猪肉会变得凌乱散碎。如果斜切，既可使其不破碎，吃起来又不塞牙。

牛肉要横切

牛肉的筋腱较多，并顺着肉纤维纹路夹杂其间，如不仔细观察，随手顺切，许多筋腱便会整条地保留在肉内，这样炒出来的牛肉就很难咀嚼。

羊肉要剔筋膜

羊肉中有很多筋膜，切成丝或片之前应先将其剔除，否则炒熟后的羊肉烂而筋膜硬，吃起来难以下咽。

蔬菜烹调应用

蔬菜可作为菜肴主料

蔬菜在烹调中作为主料应用广泛，各地有许多以蔬菜为主料烹调的名菜，如四川的"开水白菜"、北京的"翡翠羹"、浙江的"油焖春笋"、广东的"鼎湖上素"等。而家庭中以蔬菜作为主料烹制的菜肴则更为普遍。

蔬菜可作为菜肴的辅料

蔬菜作为辅料，既可配鸡、鸭、鱼、肉、蛋等动物性原料，也可配豆腐、豆干等豆制品，还可以数种蔬菜之间进行灵活搭配，如"青椒炒肉丝"、"冬菇油菜"等。

有些蔬菜为重要调味品

有些种类的蔬菜既能烹调菜肴食用，又可作为调味料，以去除菜肴异味，改变菜肴的口味等。通常含有挥发油成分的蔬菜，都具有这方面的作用，如葱、姜、蒜、辣椒、韭菜、香菜、洋葱等。

蔬菜可作为菜肴装饰和点缀

由于蔬菜具有丰富的色彩，又有一定的硬度可以成形，故可用于菜肴的围边、垫底、拼衬、填充等，既可使菜肴营养更加全面，又能使菜肴色形具佳，增加人们的食欲和进餐的兴趣。

部分蔬菜可代粮食用

有些淀粉含量较高的蔬菜品种，如土豆、南瓜、藕、马蹄、慈姑、芋艿、豆类等，除了可作为蔬菜制作菜肴食用外，还可以代替粮食，制作主食食用。

蔬菜是食品雕刻重要原料

蔬菜食品雕刻是我国烹饪的一朵奇葩，而其所用的原料大多为蔬菜，利用各种蔬菜，如瓜类、根类、茎类，包括叶类蔬菜，可以雕刻出各种花、鸟、鱼、虫等栩栩如生的动植物造型。

蔬菜生食和熟食

从营养和保健的角度出发，蔬菜以生食为好，可以最大限度地保留蔬菜中的维生素和微量元素。许多蔬菜中都含有一种干扰素诱发剂，它可刺激人体正常细胞产生干扰素，进而产生一种抗病毒蛋白，而这种功能只有在生食的前提下才能实现。抗病毒蛋白既能抑制癌细胞的生长，又能有效调节机体免疫力，从而起到防癌、抗癌的作用。

生食蔬菜有助于口腔和牙齿的保健。充分咀嚼能刺激唾液分泌，帮助食物消化时还能增强口腔的自洁功效，这对老年人的口腔保健十分重要。

蔬菜熟食的好处在于有利于胡萝卜素的吸收。深绿色和黄色蔬菜富含胡萝卜素，以熟食为好，会显著地提高胡萝卜素的吸收利用率。

蔬菜熟食维生素C虽易被破坏，但蔬菜还有其他比较稳定的营养素，如钙、铁等，这些营养素不会因加热而损失，仍然能对人体健康发挥作用。

蔬菜的种类

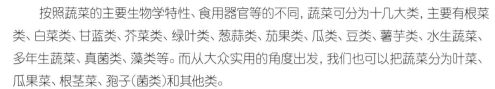

　　按照蔬菜的主要生物学特性、食用器官等的不同, 蔬菜可分为十几大类, 主要有根菜类、白菜类、甘蓝类、芥菜类、绿叶类、葱蒜类、茄果类、瓜类、豆类、薯芋类、水生蔬菜、多年生蔬菜、真菌类、藻类等。而从大众实用的角度出发, 我们也可以把蔬菜分为叶菜、瓜果菜、根茎菜、孢子(菌类)和其他类。

叶 菜

　　叶菜是以肥嫩的叶片及叶柄作为食用或烹调部位, 其中包括普通叶菜, 如小白菜、菠菜、苋菜等; 结球叶菜, 如大白菜、结球莴苣等; 香辛叶菜, 如大葱、韭菜、香菜等; 鳞茎状叶菜, 如洋葱、百合等。叶类蔬菜以绿色居多, 是各种维生素的重要来源。

瓜果菜

　　瓜果菜是以肥硕的果实或幼嫩的种子作为主要食用部分, 严格来说, 瓜果菜又分为瓠果类, 如南瓜、黄瓜、冬瓜、丝瓜、苦瓜等; 浆果类, 如茄子、辣椒、番茄等; 荚果类, 如扁豆、豇豆、豌豆等。瓠果类蔬菜含有较多的蛋白质、脂肪和碳水化合物, 还含有多种维生素和微量元素。

根茎菜

　　根茎菜是以植物肥嫩的茎杆或肥大的变态茎作为主要食用部位, 它的品种比较多, 在蔬菜中占有相当重要的位置。其中根菜主要包括萝卜、胡萝卜、牛蒡、山芋、豆薯等; 茎类品种包括马铃薯、山药、慈姑、莲藕、茭白、芦笋、山药等。根茎菜颜色不一, 形态有别, 表皮较厚, 容易贮存。

孢子(菌类)

　　孢子植物是菌类、藻类、地衣、蕨类、苔藓植物的总称, 通常以植物全株或嫩叶供食用。主要品种有茶树菇、草菇、滑菇、猴头蘑、金针蘑、口蘑、平菇、木耳、香菇、银耳、竹荪、紫菜、石花菜等。孢子类蔬菜中含有丰富的蛋白质、维生素和矿物质, 脂肪含量很低, 为非常好的保健食品。

其 他

　　指其他可作为蔬菜原料烹调食用的品种, 或者为家庭中不常食用的蔬菜品种, 其主要包括花菜类、甘蓝类、多年生蔬菜、芥菜类、野菜类等, 主要品种有朝鲜蓟、枸杞、花椰菜、茴香、黄花菜、芥蓝、西蓝花、食用大黄、香椿、雪里蕻、紫甘蓝等。

家禽巧鉴别

健禽肉与死禽肉

健禽肉的切口不整齐，放血良好，切口周围组织有被血液浸润现象；禽体表皮色泽微红，具有光泽，皮肤微干而紧缩。死禽肉的切口平整，放血不良，切口周围组织无被血液浸润现象，表皮呈暗红色，无光泽。

灌水家禽

检查家禽腹内是否灌水，可用手捏摸活禽的两翅骨下，若不觉得肥壮而是有滑动感，则多是注水了。另外，灌注水量较多的活禽类多半不能站立，只能蹲着不动，亦可用于参考、鉴别。

塞胗家禽

检查活禽是否塞胗，可察看活禽胗（嗉子）是否歪斜肿胀。如果用手捏摸感觉有颗粒状的内容物，则可能是事先塞的稻谷、玉米、粗沙等物，如果捏上去感到软乎乎的，沉甸下垂，禽精神不振，则禽胗内塞的多是米饭、泥沙等浓稠杂物。

禽类主要部位及烹调特点

★ 头部：禽的头部皮多肉少，含胶原蛋白丰富，在烹调中主要用于烹制汤菜，还可用卤、酱、烧、烤等方法烹调。此外，禽舌质地鲜嫩，可用烩、汆等方法制作菜肴食用。

★ 爪趾：爪趾为禽膝关节以下的部分，有些禽类，如肉鸡、鸭子等，其爪趾部分比较发达，皮厚筋多，含有比较丰富的胶原蛋白，制熟后可产生黏性，别有风味。禽爪适合用卤、酱、烧、制汤等烹调方法，或者煮熟拆骨后用于凉拌等。

★ 胸脯肉：是禽体最厚、最大的一块肉，其肉质鲜嫩，可以进行多种刀工处理，如丝、片、条、块等，适用于多种烹调方法，也可用于火锅、小吃等的制作，是禽类用途最为广泛的部位。在胸脯肉紧贴胸骨的两侧还各有一条肌肉，称为禽里脊肉，为禽体全身最嫩部分。

★ 颈部：禽体颈部皮下脂肪较为丰富，肉虽少但细嫩，烹调加工时要先将淋巴、食管、气管等去除干净，再用煮、卤、酱、烧、炸等方法制作菜肴食用。

★ 翅膀：翅膀一般皮多肉少，其肉骨比例依禽的品种和膘情等不同而有所不同。在烹调中可带骨采用煮、烧、炸、蒸、酱等烹调方法制作菜肴，或者抽去骨，填入其他原料烹制。

★ 脊背：禽类脊背骨多肉少，瘦者几乎没肉，只紧紧地包有一层皮，而肥者在肉与皮之间夹杂一层较厚的脂肪，在烹调中主要用于做汤或用烧、炖等方法制作菜肴。

★ 腿部：禽腿部组织结构比较结实有弹性，整只可以用炸、烧、扒、焖等方法制作成各种菜肴，也可去骨取肉后切成丁、条等形状，用炒、爆、烩、炸等烹调方法制作菜肴。

土鸡蛋和鸡场蛋

农贸市场、超市常有散养鸡生的"土鸡蛋"出售，消费者认为，土鸡蛋味道香、蛋黄颜色漂亮。这是为什么呢？原来差别全在饲料上面。

鸡场所饲养的蛋鸡吃的都是饲料，其营养全面，却不可能像自然饲料那样"口味"丰富。自由取食的散养鸡可以吃到青草、小虫、谷粒和草籽等天然食品，蛋中产生的风味物质自然比较丰富，而鸡场饲养的蛋鸡一年四季吃一种混合饲料，自然风味单调。

另外散养鸡经常吃青草和菜叶，而菜叶中富含类胡萝卜素，它们积累在蛋黄中，故蛋黄颜色呈橙红色。吃饲料的鸡没有吃青草的机会，所以蛋黄中只有核黄素，故呈浅黄色。不过也不能单凭蛋黄颜色来判断饲养方法，因为国内外已经开发出饲料添加剂，把它们添加到饲料当中，蛋黄的颜色就会变得非常艳丽。

豆制品的选购

豆腐的颜色应为浅黄色或乳白色，豆腐切面应不出水，表面平整，无气泡，拿在手里摇晃有晃动感。而盒装豆腐打开后可闻到少许豆香气，取出豆腐切开后应该不塌、不裂，切面细嫩，尝之无涩味。

豆腐干的种类较多，一般可分为白豆腐干、五香豆腐干、蒲包豆腐干、兰花豆腐干等。好的白豆腐干表皮光洁呈淡黄色，有豆香味，方形整齐，密实有弹性；五香豆腐干表皮光洁、带褐色，有五香味，方形整齐，坚韧有弹性。

豆腐皮为半干性加工性豆制品的一种，也是我们家庭中常见的豆制品之一。新鲜的豆腐皮颜色呈奶黄色或乳白色，厚薄一致，富有光泽，薄而透明，柔软不黏，表面平滑，外形完整，无重碱味，有自然的豆香味。

油豆腐是大豆经磨浆、压坯、油炸等多道工序制作而成，也是豆腐的炸制食品，好的油豆腐富有弹性，表面金黄色或棕黄色，皮脆，内暗黄，疏松可口，如果油豆腐内囊多结团，无弹力，则为掺了杂质，质量不佳。

水产品的种类

水产品是生活于海洋和内陆水域野生或人工养殖的，有一定经济价值的生物种类的统称，分类上主要包括鱼类、软体动物、甲壳动物、藻类等。人们经常食用的水产品主要是鱼类、虾类、蟹类、贝类和藻类。

除了按照原料分类外，市场上销售的水产品，根据鲜度、加工方式不同，可以分为几大类。

第一类是鲜活水产品，是指水产品在销售时仍保持存活状态，如活鱼、活虾、活蟹等。

第二类是冰鲜水产品，是指经过人工宰杀或其他方法，使鲜活水产品在死后发生僵硬，并通过避免使肌肉组织冻结的低温冷藏处理，这种处理多采用冰鲜形式，以保持水产品死后僵硬期的延长，如冰鲜鱼、虾及冰鲜鱼片或冰鲜虾段等。

第三类是冷冻水产品，就是采用冷冻方式将水产品体内的水分冻成冰晶，以降低微生物生命活动和实现生化反应所必需的液态水的含量，市场上运用此种方法处理的水产品有冷冻原条的整鱼、整虾，有切段或切片后冷冻的加工产品。

鲜鱼巧选购

★ 眼睛：鲜鱼的眼睛凸起，澄清有光泽；不新鲜的鱼眼睛凹陷，表面附有一层灰色污物，用手触摸时黏手，眼睛浑浊不清，并呈微蓝色。

★ 鱼鳃：鲜鱼的鳃盖紧闭，鳃片呈鲜红色，无黏液；不新鲜的鱼，鱼鳃发暗，呈红、灰紫或灰色，并有污垢。

★ 鱼鳞：新鲜鱼体表面有清洁透明的黏液层，鳞片整齐，没有脱落现象，排列紧密，有黏液和光泽；不新鲜的鱼鳞片松弛，没有光泽，轮层不明显；腐败的鱼有鳞片松落现象。

★ 肛门：鲜鱼的肛门发白，并向腹内紧缩；不新鲜的鱼肛门发紫，外凸。

★ 气味：新鲜的鱼有种特有的鱼类鲜腥味；不新鲜的鱼其腥味较淡，并稍有臭味；腐败的鱼则有腐臭味。

★ 体形：鲜鱼体形直，鱼腹充实完整，头尾不弯曲；不新鲜的鱼体形弯曲，鱼腹膨胀，摁后下陷，有破皮和裂口现象。

★ 肉质：鲜鱼肉质坚实，有弹性，骨肉不分离，故放在水中不沉；不新鲜的鱼肉质松软，没有弹性，骨肉脱离。

保存活鱼的窍门

除内脏盐水浸泡法

鱼体的腐败变质往往从鱼内脏开始，因此家庭购买回鲜鱼，如果不想立即食用，又不想放入冰箱冷冻，那么可以在不水洗、不刮鳞的情况下，将鲜鱼的内脏掏空，放入浓度约为10%的淡盐水中浸泡，可保存数日不变质。

芥末保鲜法

取适量芥末涂于鱼体表面和内脏部位，或均匀地撒在盛鱼的容器周围，然后将鲜鱼和芥末放置于封闭容器内，可保存3天不变质。

热水处理法

将鲜鱼去除内脏，放入将开的热水中（80℃~90℃）稍烫，捞出，此时，鲜鱼的外表已经变白。用这种方法除去鱼体表面的细菌和杂质后再放入冰箱中贮藏，可比未经热水处理过的鲜鱼保存时间延长1倍，而且味道鲜美如初。

蒸气处理法

将鲜鱼清洗干净，切成适宜烹饪的块状，再装入具有透气性的塑料袋内，然后将整袋鱼块放在热蒸气中杀菌消毒，可保鲜2~3天。

烹鱼方法巧选择

鱼按其新鲜程度可分为新鲜、次新鲜、不太新鲜3种。家庭中可根据鱼的新鲜程度来确定烹调方法。新鲜的鱼，可采用氽汤、清蒸等方法制作菜肴，此类烹调方法烹制出的菜肴，可体现鱼肉质鲜嫩的特点。亦可以运用软炸、清炒、干煎、锅贴等方法来烹制，同样可使菜肴色泽光润，风味佳美。次新鲜的鱼，一般以采用烧烩、红焖等方法制作菜肴为宜。不太新鲜的鱼并不是腐败变质的鱼，一般适宜采用干烧、红烧、焦炸等方法制作菜肴，口味上要浓厚一些，如麻辣口味、糖醋口味等，通过调味料来消除异味。

水产品食用禁忌

水产品美味可口，同时也能供给人体各种营养，当我们进食美味水产品时，不要忘了海鲜虽美，但要慎食防疾病。

水产品中的鱼类要以鲜活为佳，这不仅是从味道去考虑，也是从卫生角度去着眼。鱼死后易腐烂变质，而且速度很快，食用这样的鱼，很容易导致食物中毒。

食用生长在浅海中、被生活污水污染的贝类，被证明是引起肠胃炎、肝炎及肠道疾病的主要原因。

吃水产品时一般忌大量饮用啤酒，因为喝大量啤酒会产生大量尿酸，尿酸会沉积在关节或软组织中，导致发炎，有诱发痛风病的危害。

大米的安全选购

★ **看硬度**: 大米粒硬度主要是由蛋白质的含量决定的, 米粒的硬度越高, 蛋白质含量越高, 透明度也越高。一般新米比陈米硬, 水分低的米比水分高的米硬, 晚稻米比早稻米硬。

★ **看黄粒**: 米粒变黄是由于大米中某些营养成分在一定的条件下发生了化学反应, 或者是由大米粒中所含的微生物引起的。这些黄粒米的香味和口感都较差, 所以选购时必须观察。

★ **看腹白**: 大米粒腹部常有一个不透明的白斑, 在米粒中心部分被称为 "心白", 在外腹被称为 "外白"。腹白小的米是子粒饱满的稻谷加工出来的, 用不够成熟的稻谷加工出来的米, 则腹白较大。

★ **看新陈**: 一般情况下, 表面呈灰粉状或有白道沟纹的米是陈米, 其量越多则说明大米越陈旧。捧起大米闻一闻气味是否正常, 如有发霉的气味说明是陈米。

特色大米的常识

如今的市场上可以看到袋装的免淘米、营养强化米、留胚米、胚芽米、有机大米、绿色大米等特色品种。

免淘米在加工的时候吹去了沙石和尘土, 非常干净, 不用淘洗就能下锅, 减少了营养损失和风味损失。营养强化米当中添加了特定的维生素和矿物质。留胚米、胚芽米等则把米胚当中的宝贵蛋白质、B族维生素、维生素E和锌等成分保留下来, 营养价值大大超过普通精白米。

另外, 大米中残留的重金属与种大米的农田环境质量有关, 大米中残留的农药和栽培管理措施有关。拥有 "有机食品" 和 "绿色食品" 标志的大米, 证明出自清洁无污染的农田环境, 而且没有使用过有毒残留农药, 食用更安全, 风味通常也会非常令人满意。

夏季大米巧防虫

夏天大米中生虫是令人头痛的事, 既不好挑拣又不能水洗。夏季预防大米生虫的主要方法有两种: 一种是将大米用筛子筛一遍, 放入干净布袋内, 外面再套上一层干净布袋, 扎紧袋口, 置室内通风处, 这样即使夏天不吃, 大米也不会生虫。另外, 将布袋放入花椒水锅内煮几分钟, 取出、晒干, 装入大米, 放入几瓣大蒜, 用绳捆紧袋口, 置阴凉通风处保存, 也可避免生虫。

常用面粉种类

★ 等级粉：按加工精度不同，面粉可分为特制粉、标准粉和普通粉3个等级，各等级面粉的指标是以加工精度、面粉色泽和含麸量来确定的。特制粉色白细腻，吃水量少，有筋力，含麸量少，是制作精细面点的原料；标准粉的含麸量多于特制粉，色泽稍黄，营养价值高，适合做普通面食小吃；普通粉的含麸量多于标准粉，色泽较黄，经济实惠，适合做普通面食及面粉加工制品。

★ 专用粉：利用特殊品种的小麦磨制而成的面粉，或根据需要，在等级粉的基础上加入食用增白剂、食用膨松剂、食用香精或其他成分，混合均匀而制成的面粉。按照面粉的特点其大致可分为两大类：一类是用蛋白质含量高的小麦加工而成，如面包粉、面条粉、饺子粉等；另一类是用淀粉含量高的小麦加工而成，如饼干粉、糕点粉、汤用粉、自发粉等。

米面杂粮巧搭配

在生活改善之后，人们普遍以精白米饭为主食。普通精白米饭尽管热量不高，但消化速度过快，吃饭之后不容易感觉饱，吃过不久就容易感觉饥饿。研究认为，白米饭的质地过分精细，进食速度过快，消化速度过快，蛋白质含量不高，都可能是白米饭饱腹感不尽人意的重要原因。相比之下，富含膳食纤维的糙米饭及杂粮制品吃起来需要更多的咀嚼，消化速度也明显放慢，具有较好的饱腹感。因此，在制作主食制品时可按照如下原则进行搭配，可以收到意想不到的效果。

选择粗糙原料做米食

富含膳食纤维的黑米、紫米等都是减缓消化速度的好选择。如果感觉它们吃起来比较刺口，可以先用清水浸泡，或用高压锅煮半软，然后与米饭混合煮食。

在米食里面加点豆

红豆、豌豆、黄豆含有大量膳食纤维、蛋白质，能提高饱腹感。用大米和各种豆类1:1搭配制作成饭食，可以使米饭和米粥的饱腹感明显上升。

在米饭里面加点胶

燕麦、大麦等含有胶状物质，可以提高食物黏度，减缓消化速度。如果在煮饭时加入少许燕麦，或直接加入海藻等含胶质原料，都可以帮助米饭成为更当饱的主食。

在米饭里面加点醋

醋具有延缓胃排空，降低消化速度的作用，因而紫菜饭团等添加醋的主食有利于减肥。如果吃白米饭，配一份添加很多醋的冷菜或热菜，也可帮助达到减肥效果。

在米饭里面加点菜

蔬菜中的纤维素和植物多糖能增加米饭体积，所以米饭中不妨添加一些蘑菇、冬菇、金针蘑、海带等高纤维蔬菜同吃，既能丰富花样，又能提高饱腹感。

家常菜

基础常识

Jichu Changshi

常识篇包括的内容有厨房常用工具介绍和烹饪常识类内容。其中厨房常用工具包含的内容很多，除了一些电器用品，如油烟机、微波炉、冰箱、洗碗机、电饭煲、电磁炉、烤箱等大件外，我们还需要一些基础工具，如铁锅、蒸锅、案板、厨刀、锅铲、漏勺等等。

另外，在制作菜肴前，我们还需要掌握一些基础知识，如焯水、过油、汽蒸、走红、上浆、挂糊、勾芡等。而这些相对专业的用语，对于家常菜的色泽、口感、营养等方面都有非常重要的作用。因此，家庭在制作菜肴时，也需要对这些用语加以了解，从而增加对这些烹调常识的认知，才能在制作家常时做到心中有数。

常用锅具

铁锅

铁锅虽然看上去笨重些，但它坚实、耐用，受热均匀。用铁锅做菜能使菜中的含铁量增加，补充人体中的铁元素，对贫血等缺铁性疾病有一定的功效。从材质上来说，铁锅可分为生铁锅和熟铁锅两类，均具有锅环薄，传热快，外观精美的特点。

市场上汤锅的种类比较多，按照材质分，有铝制、搪瓷、不锈钢、不粘锅等。铝制汤锅的特性是热分布优良，传热效果好，但铝锅不适合长时间存放食物。不锈钢汤锅是由铁铬合金再掺入其他一些微量元素制成的，其金属性能稳定，耐腐蚀。

汤锅

砂锅

砂锅是由陶泥和细砂混合烧制而成的，具有非常好的保温性，能耐酸碱、耐久煮，特别适合小火慢炖，是制作汤羹类菜肴的首选器具。刚买回来的砂锅在第一次使用时，最好煮一次稠米稀饭，可以起到堵塞砂锅的微细缝隙、防止渗水的作用。

常用菜板

家庭中常用的菜板有木质、塑料、竹制三种。其中木质菜板、竹制菜板主要用于切肉和切较粗硬的果菜；塑料菜板多用来切菜和切水果，这样分开使用既卫生又方便。

木质菜板密度高、韧性强，使用起来很牢固。但有些木制菜板因硬度不够，易开裂且吸水性强，会令刀痕处藏污纳垢，滋生细菌。因此，选用白果木、皂角木、桦木或柳木制成的菜板较好。

竹子是一种天然绿色植物，质量相对稳定，使用起来会更加安全一些。只是竹子的生长周期比木头短，所以，从密度上来说稍逊于木头，而且由于竹子的厚度不够，竹案板多为拼接而成，使用时不能重击。

塑料菜板轻便耐用，容易清洗，受到众多家庭喜爱。在购买塑料菜板时，要询问其具体材质，比较安全的塑料有聚乙烯、聚丙烯和聚苯乙烯等。

常用厨刀

厨刀在食材加工过程中起着主导性作用。家用厨刀根据材质不同，主要分为铁制厨刀和不锈钢厨刀两种。其中，不锈钢厨刀是近十几年发展起来的，因其具有轻便、耐用、无锈等特点越来越受到人们的喜爱。

如果家中只想选购一把厨刀，一般应选来钢厨刀，既适用于切动物性食材，又适合切植物性食材。

其实，为了生食和熟食分用，家庭中最好备有两把以上厨刀，其中一把刀刃锋利，刀身较厚，用于切肉、剁肉；一把刀身要薄一些，手感要轻一点，主要用于切制蔬菜、水果。

其他工具

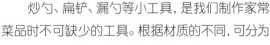

炒勺、扁铲、漏勺等小工具，是我们制作家常菜品时不可缺少的工具。根据材质的不同，可分为铁制、不锈钢制、铝制、碳素制等多种。

此外还有一些小工具，虽然不一定是我们制作家常菜所必须的，但是如果有，也可以给予我们很大的帮助。如礤丝器可以帮助我们快速地把食材礤成丝状；切蛋器不仅可以直接把熟蛋切成小瓣，还可以切成片状等。

焯　水

　　焯水又称出水、飞水等，是指经过初加工的烹饪食材，根据用途的不同放入不同温度的水锅中，加热到半熟或全熟的状态，以备进一步切配成形或正式烹调的初步热处理。

　　焯水可分为冷水锅焯水和沸水锅焯水两种方法。冷水锅焯水是将食材与冷水同时入锅加热焯烫，主要适用于异味较重的动物性烹饪食材，如牛肉、羊肉、肠肚等。沸水锅焯水是将锅中清水加热至沸，再放入食材，加热至一定程度后捞出。沸水锅焯水主要适用于色泽鲜艳、质地脆嫩的植物性食材，如菠菜、黄花菜、芹菜、油菜、小白菜等。

方法一：冷水锅焯水

①将需要加工整理的烹饪食材洗净。
②放入净锅中，加入适量冷水，上火烧热。
③翻动食材且控制加热时间，待把食材焯烫至变色，捞出、沥干即可。

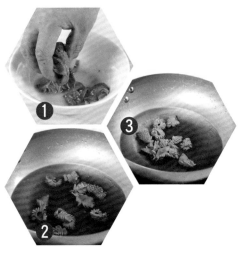

方法二：沸水锅焯水

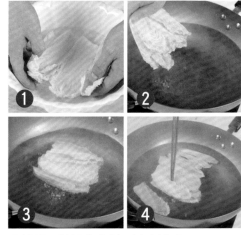

①将需要焯烫的食材用清水洗净。
②放入沸水锅中焯烫一下。
③翻动均匀并迅速烫好。
④捞出焯烫好的食材，放入冷水中过凉，沥净水分即成。

焯水小窍门

★ 焯水时水量要没过食材，在焯水过程中要不时翻动，使食材各部分受热均匀。

★ 蔬菜类的食材在焯水时，必须做到沸水下锅，火要旺，焯水时间要短，这样才能保持食材的色泽、质感、营养和鲜味。

★ 鸡肉、鸭肉、蹄子等食材，在焯水前必须洗净，投入冷水锅中烧沸，焯烫出血水即可，时间不要长，以免损失食材的鲜味。

★ 各种食材均有大小、粗细、厚薄之分；有老嫩、软硬之别，焯水时应区别对待。

★ 对有特殊气味的食材应分开进行焯水处理，以免各食材之间吸附和渗透异味，影响食材的口味和质地。

★ 焯水时还需要特别注意，深色食材和浅色食材要分开进行焯水，不能图方便一起下锅焯水，以免浅色的食材染上深色。

挂 糊

挂糊,就是将经过初加工的烹饪食材,在烹制前用水淀粉或蛋泡糊及面粉等辅助材料挂上一层薄糊,使制成后的菜肴达到酥脆可口的一种技术性措施。

在此要说明的是,挂糊和上浆是有区别的,在烹调的具体过程中,浆是浆,糊是糊,上浆和挂糊是一个操作范畴的两个概念。挂糊的种类较多,常用的有蛋黄糊、全蛋糊、蛋清糊等。

蛋黄糊调制

①将鸡蛋黄放入小碗中搅拌均匀。

②再加入适量淀粉(或面粉)调匀。

③然后慢慢加入少许植物油。

④再用筷子充分搅拌均匀即可。

全蛋糊调制

①将鸡蛋磕入碗中,打散成全蛋液。

②再加入淀粉、面粉调拌均匀。

③然后加入植物油搅匀即可。

蛋泡糊调制

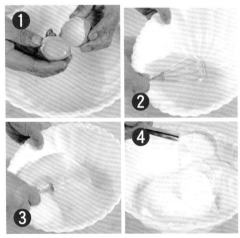

①将鸡蛋清放入大碗中。

②用打蛋器沿同一方向连续抽打。

③将蛋清抽打至均匀呈泡沫状。

④再加入适量淀粉,轻轻搅匀即可。

上 浆

上浆就是在经过刀工处理的食材上挂上一层薄浆,使菜肴达到滑嫩的一种技术措施。经过上浆后的食材可以保持嫩度,美化形态,保持和增加菜肴的营养成分,还可以保留菜肴的鲜美滋味。上浆的种类较多,依上浆用料组配形式的不同,可分为鸡蛋清粉浆、水粉浆、全蛋粉浆等。

鸡蛋清粉浆处理

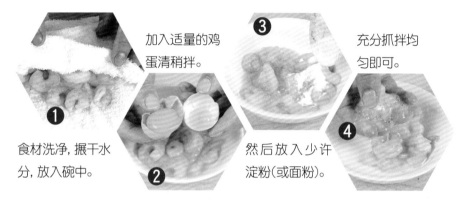

加入适量的鸡蛋清稍拌。

③

充分抓拌均匀即可。

①食材洗净,揉干水分,放入碗中。

②

④

然后放入少许淀粉(或面粉)。

水粉浆处理

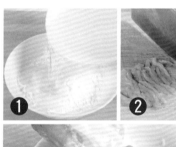

① ②

③

①将淀粉和适量清水放入碗中调成水粉浆。
②将食材(如鸡肉)洗净,切成细丝,放入小碗中。
③加入适量的水粉浆拌匀上浆即可。

全蛋粉浆处理

①食材洗净,放入碗中,磕入整个鸡蛋。
②先用手(或筷子)轻轻抓拌均匀。
③再放入适量淀粉(或面粉)搅匀。
④然后加入少许植物油拌匀即可。

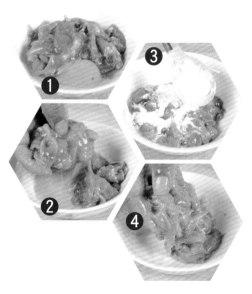

① ③

② ④

油 温

低油温

即油温三四成热,其温度为90℃~120℃,直观特征为无青烟,油面平静,当浸滑食材时,食材周围无明显气泡生成。

中油温

即油温五六成热,温度为150℃~180℃,直观特征为油面有少许青烟生成,油从四周向锅的中间徐徐翻动,浸炸食材时食材周围出现少量气泡。

高油温

即油温七八成热,其温度为200℃~240℃,直观特征为油面有青烟升起,油从中间往上翻动,用手勺搅动时有响声。浸炸食材时,食材周围出现大量气泡翻滚并伴有爆裂声。

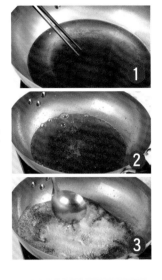

过 油

过油是将加工成形的食材放入油锅中加热至熟或炸制成半成品的熟处理方法。过油可缩短烹调时间,或多或少的改变食材的形状、色泽、气味、质地,使菜肴富有特点。过油后加工而成的菜肴,具有滑、嫩、脆、鲜、香的特点,并保持一定的艳丽色泽。在家庭烹调中,过油对调节饮食内容,丰富菜肴风味等都有一定的帮助。

方法一: 滑油处理

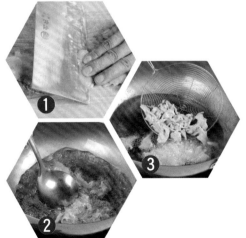

滑油是将细嫩无骨或质地脆韧的食材切成较小的丁、丝、条、片等,上浆后放入四、五成热的油锅中滑散至断生即成。

方法二: 炸油处理

炸油又称走油,是将改刀成形的各种食材,比如鸡肉片、鱼肉片、菊花肉片等,经过挂糊后,放入七、八成热的油锅中炸至一定程度的过程。

炸油操作速度快慢、使用油温高低要根据食材或品种而定。一般来说,若食材形状较小,多数要炸至熟透;若食材形状较大,多数不用炸熟,只要表面炸至上色即可。

走　红

　　走红又称酱锅、红锅，是将一些动物性食材，如家畜、家禽等，经过焯水、过油等初步加工后，进行上色、调味等进一步热加工的方法。

　　走红不仅能使食材上色、定形、入味，还能去除某些食材的腥膻气味，缩短烹调时间。按传热媒介的不同，走红主要分为水走红、油走红和糖走红三种。

方法一：水走红

①将食材洗涤整理干净，放入沸水锅中焯烫一下，捞出、冲净，沥干水分。
②酱油、料酒、红曲、白糖和清水调成汁。
③将调好的酱汁倒入清水锅中烧沸。
④放入焯好的食材煮至上色即可。

方法二：油走红

①将食材的肉皮上涂抹上酱油。
②净锅置火上，加入植物油烧热，将五花肉肉皮朝下放入油锅中。
③快速冲炸至肉皮上色，捞出、沥油即可。

方法三：糖走红

①净锅置火上，加入适量白糖，用中小火熬至白糖熔化。
②再加入适量清水烧煮至沸。
③然后放入食材（如大肠）煮至上色即可。

第2天

家常菜入门篇

Jiachangcai Rumenpian

家常菜

食材加工
Shicai Jiagong

鲜活的、未经过任何加工的烹饪食材，一般都不能直接用于制作菜肴，必须根据食用和烹调要求，按其种类质地不同，进行合理的初步加工处理。

食材加工就是对动植物性烹饪食材进行洗涤整理，进行各种刀工处理，使之达到烹调菜肴所需要净料要求的过程。

食材清洗的好坏，对菜肴的切配、制作等有重要的作用，而且清洗好的食材也可以在卫生、安全方面对人体有保证，可避免因为清洗不佳，影响身体的健康。

刀工处理，就是运用各种刀具及相关的用具，采用各种刀法和指法，将不同质地的烹饪食材，加工成适宜烹调使用的各种形状的过程。

畜肉清洗

猪肝处理

①新鲜猪肝剔去白色筋膜，放入容器中。
②加入适量清水和少许精盐揉搓均匀。

③捞出、冲洗干净，沥水，放在案板上。
④根据菜肴要求切制成形即可。

猪肚处理

①猪肚洗净污物，翻转过来。
②去除肚内油脂、黏液，用清水冲净。

③然后用精盐、碱、矾和面粉揉搓均匀。
④再放入清水中漂洗干净即可。

畜肉切制

里脊肉切片

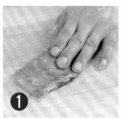  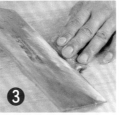 

①把里脊肉去掉白色筋膜。

②用直刀切成大片。

③或将刀倾斜45°。

④由上至下片成里脊薄片。

里脊肉切丁

  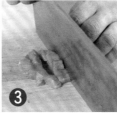 

①将里脊肉先切成厚片。

②再将厚片切成长条状。

③然后切成正方形的丁。

④大丁2厘米，中丁1.2厘米。

里脊肉切丝

里脊肉切块

①将里脊肉剔去筋膜，洗净，放在案板上。

②先切成厚片或粗条。

③再用直刀切成3厘米左右的块。

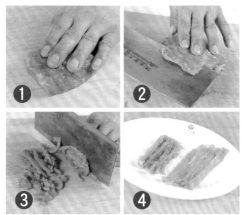

①将里脊肉洗净，放在案板上。

②先用平刀法片成大薄片。

③再用直刀法切成丝状。

④粗丝直径3毫米，细丝直径小于3毫米。

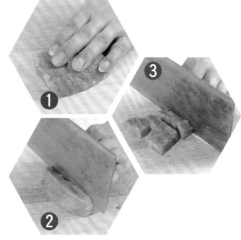

蔬菜清洗

油菜处理

①先将油菜去除老叶。

②在根部剞上花刀。

③再用清水洗净。

④捞出沥干即可。

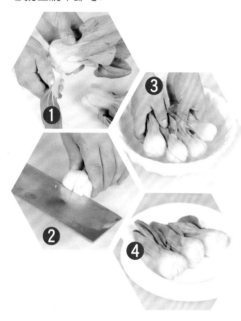

西蓝花处理

①西蓝花去根及花柄(茎)。

②用手轻轻掰成小朵。

③在根部剞上浅十字花刀。

④放入清水中浸泡并洗净。

金针蘑处理

①鲜金针蘑一般都是小包装，需要先去掉包装，取出金针蘑，放在案板上，切去老根。

②再用手将金针蘑撕成小朵。

③然后放入清水中漂洗干净(漂洗时可加入少许精盐)。

④捞出金针蘑，攥干水分即可。

竹笋处理

①鲜竹笋清洗前需要先剥去外壳。
②再用菜刀切去竹笋的老根。
③削去外皮, 放入清水中浸泡, 洗净。
④再根据菜肴要求, 切成各种形状即可。

土豆处理

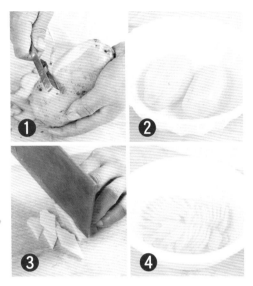

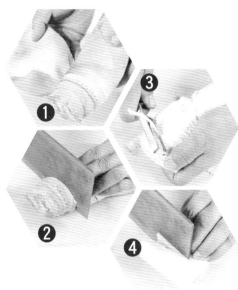

①将土豆洗净, 捞出沥干, 削去外皮。
②放入清水中漂洗干净。
③根据菜肴的要求, 切成各种形状。
④放入清水中浸泡即成(可滴入几滴白醋或加入少许精盐, 以防氧化变色)。

扁豆处理

①扁豆掐去蒂和顶尖。
②再撕去扁豆表面的豆筋。
③扁豆放入清水盆中, 加入少许精盐。
④浸泡片刻, 再搓洗干净。
⑤然后换清水洗净, 沥去水分。
⑥最后根据菜肴的要求切成各种形状即可。

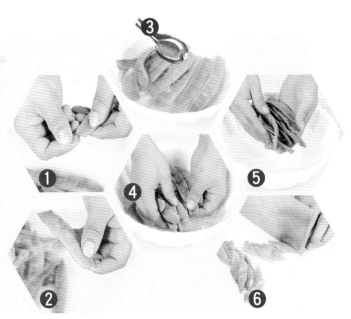

禽肉加工

鸭肠清洗

①将鸭肠顺长剪开,刮去油脂。

②放入容器中,加入适量面粉。

③反复抓洗均匀以去除腥味。

④再加入少许白醋继续揉搓。

⑤然后放入清水中漂洗干净。

⑥将清洗好的鸭肠放入冷水锅中。

⑦置旺火上烧沸,转小火煮几分钟。

⑧捞出鸭肠,用冷水过凉,沥去水分,即可制作菜肴。

鸡腿去骨

①先用刀将鸡腿的筋切断。

②在鸡腿表面划一刀深至骨头。

③再沿腿骨一点点将骨肉分离。

④然后一手握腿骨,一手抓腿肉。

⑤将鸡腿的骨头慢慢拽出来。

⑥最后剔去鸡腿小骨,取净鸡腿肉即成。

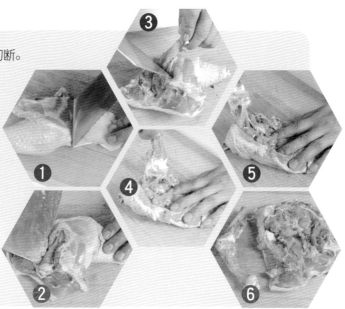

禽肉切制

鸡胸肉切丝

①将鸡胸肉剔去筋膜，洗净，沥干水分。

②放在案板上，先用刀片成大片。

③再用直刀切细，即为鸡肉丝。

④鸡肉丝有粗丝、细丝之分。

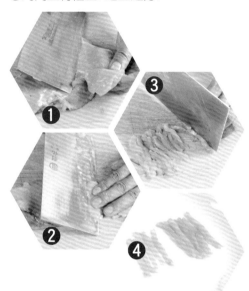

鸡胗切花刀

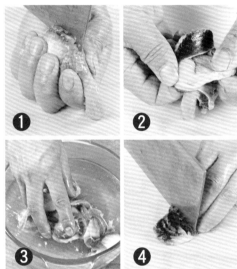

①将鸡胗从中间剖开，清除内部杂质。

②撕去鸡胗内层黄皮和油脂。

③用清水冲净，沥水，剞上一字刀纹。

④再调转角度，继续剞上垂直交叉的平行刀纹即可。

鸡胸肉剁蓉

①鸡胸肉剔去表面白色的筋膜，用清水漂洗干净。

②把洗净的鸡胸肉擦净表面水分，先切成较细的鸡肉丝。

③再把切好的鸡肉丝切成黄豆或绿豆大小的粒。

④然后用刀背反复剁成鸡肉细蓉，放在碗内即成。

水产品加工

乌鱼蛋的处理

①先将乌鱼蛋用清水洗净。

②放入锅中，加入葱段、姜片焯烫一下。

③捞出，用冷水过凉，捞出，撕去外膜。

④把乌鱼蛋一片一片地剥开，浸泡即可。

蛤蜊处理

①将蛤蜊放入清水中浸泡，刷洗干净。

②放入沸水锅中煮至蛤蜊全部开口后。

③捞出蛤蜊，用冷水过凉，沥去水分，去掉外壳，取出蛤蜊肉。

④去掉蛤蜊肉杂质，用清水洗净即成。

黄鱼处理

①将黄鱼表面的鳞片刮净。

②在肛门处切一刀，把鱼肠切断。

③用两根筷子从鱼嘴中伸进腹中。

④将筷子并拢，顺时针转3~4圈。

⑤将筷子拔出，取出鱼鳃和内脏。

⑥用清水漂洗干净，擦净水分即可。

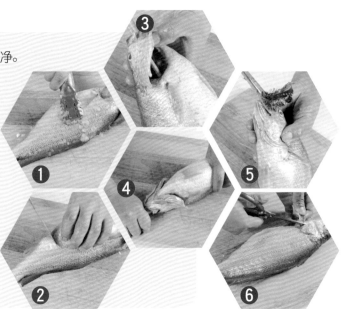

甲鱼处理

①将筷子插入甲鱼嘴内, 伸出脖子, 切开。

②控血, 放入沸水锅中烫一下, 捞出。

③用厨刀切开甲鱼盖。

④掏出甲鱼内脏等, 用清水洗净即可。

生取蟹肉

①将螃蟹拍晕, 揭开蟹盖, 去掉蟹鳃。

②用清水洗净, 剪下大钳和蟹的小腿。

③再把螃蟹剪开成两半。

④用小刀轻轻挑出蟹肉, 大钳剁去两端, 捅出蟹腿肉即可。

扇贝的处理

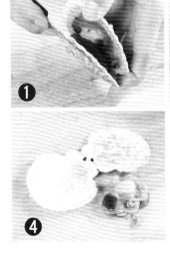

①将扇贝冲洗干净, 用小刀伸进贝壳内, 将贝壳一开为二, 同时划断贝壳里面的贝筋。

②用小刀贴着贝壳的底部, 将扇贝肉剔出来, 放入淡盐水中浸泡几分钟, 再换清水洗净。

③用小刀将扇贝肉的内脏剔除, 放入大碗中, 加入少许精盐和清水浸泡5分钟, 捞出扇贝肉。

④加入淀粉、清水搓洗干净, 换清水洗净, 沥水即可。

Jiachangcai Changyong Jifa

家常菜常用技法

拌菜是将生熟料加工成较小的丁、丝、片、条等，加入调料拌制而成，具有用料广泛、制作精细、味型多样、开胃爽口等特点。

拌菜

双椒拌海螺

⊂原料⊃ 活海螺6只(约1000克)，青椒、红椒各75克。

⊂调料⊃ 精盐、味精、白糖、美极鲜酱油、白醋、香油各适量。

制作步骤

❶ 青椒、红椒去蒂和籽，洗净，沥水，切成0.6厘米见方的小丁；海螺刷洗干净，放入淡盐水中浸养。

❷ 把海螺去壳，取海螺肉，去掉黄白色的海螺肠脑。放在碗中，加入少许精盐揉搓，去除黏液，用清水洗净，切成1厘米见方的丁。

❸ 精盐、味精、白醋、美极鲜酱油、香油、白糖放入碗中调匀成味汁；净锅置火上，加入清水烧沸，放入海螺丁焯透，捞出、沥干。

❹ 将焯烫好的海螺丁码放在盘内，加上青椒丁、红椒丁拌匀，淋上调好的味汁，食用时拌匀即可。

粉丝炝菠菜

⊂原料⊃ 菠菜、嫩白菜叶各200克，金针蘑100克，水发粉丝1小把，水发木耳5个。

⊂调料⊃ 蒜泥、精盐、味精、酱油、白醋、花椒油、芥末油各适量。

制作步骤

❶ 菠菜去根，洗净，切段；白菜嫩叶洗净，切成细条；金针蘑去蒂，放入清水中浸泡、洗净，取出、沥水，切成小段；水发木耳切成丝。

❷ 锅置火上，加入清水煮至沸，分别放入金针蘑、水发木耳丝、白菜条和菠菜段焯烫至熟，捞出、沥水。

❸ 将焯烫好的菠菜段、白菜条、金针蘑段、粉丝、木耳丝放入盘内，加入芥末油、白醋、蒜泥、精盐、酱油和味精拌匀。

❹ 净锅置火上烧热，加入花椒油烧至八成热，出锅浇淋在菠菜、粉丝等原料上炝出香味即可。

炝菜

炝菜是将加工成丝、片、条的生料，焯水或过油后捞出，用挥发性的调味品(如花椒油、芥末油、胡椒粉等)调制菜肴，使其入味的方法。

卤菜

卤菜是把加工好的原料，放入煮好的卤汁锅内，加热煮熟或煮烂，使卤汁滋味渗透入原料内部的一种方法。卤菜一般晾凉后食用，具有清香味美，风味独特等特点。

卤味金钱肚

⊂原料⊃ 金钱肚1000克，干葱头25克。

⊂调料⊃ 鲜姜15克，精盐、白糖各2小匙，味精1小匙，冰糖1大匙，酱油5小匙，老汤1000克，卤料包1个。

制作步骤

❶ 干葱头洗净，切成小块；鲜姜去皮，洗净，切成片；锅中加入少许清水和白糖烧沸，用小火煮至暗红色，出锅晾凉成糖色。

❷ 金钱肚剔除油脂和杂质，放入清水中漂洗干净，捞出，放入沸水锅内略烫一下，取出，放入汤锅内煮至八分熟，捞出、沥水。

❸ 锅内加上老汤烧沸，放入卤料包煮10分钟，加入酱油、冰糖、精盐、糖色、味精、干葱头、姜片熬2小时成卤汤。

❹ 把金钱肚放入卤汤锅内煮沸，转小火煮至金钱肚熟嫩，关火后浸卤15分钟，捞出、晾凉，切成抹刀片，码盘上桌即成。

五香酱鸡腿

⊂原料⊃ 鸡腿1只。

⊂调料⊃ 葱段、姜块、小茴香、八角、陈皮、草果、香叶、精盐、味精、糖色、酱油、老汤各适量。

制作步骤

❶ 鸡腿放入清水中浸泡并洗净，取出，放入沸水锅中焯烫出血水，捞出、冲净。

❷ 姜块放入布袋中，放入小茴香、八角、陈皮、草果、香叶包好成五香料包。

❸ 锅置火上，添入老汤，放入五香料包烧沸，撇去浮沫和杂质，倒入糖色，放入酱油、精盐、味精煮沸成酱汤。

❹ 放入鸡腿，用小火酱煮约15分钟至熟嫩，再关火焖15分钟，捞出酱好的鸡腿，晾凉，剁成条块，码放在盘内，上桌即可。

酱菜

除了普遍的把各种香料、酱油、精盐、料酒、五香料等放入锅内煮成酱汁，放入原料进行酱制外，酱菜还有些比较特殊的酱制方法，如酱汁酱法、蜜汁酱法、糖醋酱法等。

炒菜

炒菜是将原料放入热锅内，以旺火迅速翻拌，调味，勾芡使原料快速成熟的一种方法。炒的分类方法很多，成菜具有光润饱满，清鲜软嫩的特点。

爆炒鸡丁

⊂原料⊃ 鸡胸肉250克，冬笋、马蹄、菠菜梗各50克。

⊂调料⊃ 葱末、姜末、精盐、味精、熟鸡油、料酒、水淀粉、植物油各适量。

制作步骤

❶ 冬笋去壳、洗净，马蹄去皮、洗净，均切成小丁；分别放入沸水锅中焯烫一下，捞出、沥水。

❷ 料酒、精盐、味精、水淀粉调成味汁；鸡胸肉去筋膜，表面剞上浅十字花刀，切成小丁。

❸ 鸡肉丁放入碗中，加入料酒、精盐、味精、水淀粉拌匀，腌渍入味，下入烧至五成热的油锅内滑散、滑透，捞出、沥油。

❹ 锅中留少许底油烧热，下入葱末、姜末炒香，放入鸡肉丁、冬笋丁、马蹄丁、菠菜梗略炒，烹入味汁翻炒至入味，淋入熟鸡油，出锅装盘即成。

炸椒盐肉条

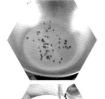

⊂原料⊃ 猪里脊肉300克，鸡蛋清2个。

⊂调料⊃ 花椒5克，精盐1大匙，料酒、胡椒粉、十三香粉、香油各少许，淀粉4大匙，植物油适量。

制作步骤

❶ 猪里脊肉片成大片，表面剞上浅十字花刀，切成条，加上精盐、十三香粉、胡椒粉、料酒、香油拌匀，腌渍入味。

❷ 花椒放入锅内炒香，取出后压成末，趁热加入少许精盐拌匀成花椒盐；鸡蛋清加上少许精盐、淀粉、植物油调成软炸糊。

❸ 锅置火上，加入植物油烧至四成热，将里脊条先挂匀软炸糊，再放入油锅中炸至八分熟，呈浅黄色时捞出，沥干油分。

❹ 待锅内油温升至八成热时，下入里脊条复炸至金黄色，捞出、沥油，码入盘中，带花椒盐一起上桌即可。

炸菜

炸菜是将食用油用旺火加热使原料成熟的烹调方法。炸的原料要求油量较多，油温高低视所炸的食物而定，一般采用温油、热油、烈油等多种油温。

43

煎菜是将经过加工的原料平铺入锅，加入少许油，用中、小火加热，先煎一面，再把原料翻个面煎，油量以不浸没原料为宜，待两面煎成金黄色且酥脆时，出锅即可。

煎菜

香煎牡蛎

⊂原料⊃ 牡蛎500克，鸡蛋3个，香葱15克。

⊂调料⊃ 精盐2小匙，鸡精1/2小匙，味精、胡椒粉各少许，香油、植物油各适量。

制作步骤

❶ 用小刀撬开牡蛎壳，取出牡蛎肉，用流水冲洗干净，再放入沸水锅内略焯一下，捞出、沥水。

❷ 香葱去根、洗净，切成碎末，放入大碗中，磕入鸡蛋，加入精盐、胡椒粉、鸡精拌匀，再放入牡蛎肉拌匀成牡蛎鸡蛋液。

❸ 锅置旺火上，加入少许植物油烧热，倒入牡蛎鸡蛋液，转小火煎至蛋液凝固。

❹ 轻轻翻个，继续煎约2分钟至两面呈金黄色时，撒上味精，淋入香油，取出后切成菱形小块，装盘上桌即成。

葱烧大肠

⊂原料⊃ 猪大肠750克，大葱100克。

⊂调料⊃ 精盐、味精、面粉各少许，米醋、料酒、水淀粉、酱油、清汤、花椒油、植物油各适量。

制作步骤

❶ 大葱去根和叶，取葱白部分，用清水洗净，沥水，切成长段，两头剞上十字花刀。

❷ 猪大肠用米醋、面粉揉搓均匀，再用清水洗净，放入清水锅内，加上料酒、少许葱白段烧沸，转小火煮至熟嫩，捞出、沥水。

❸ 将猪大肠切成小段，放在碗中，加入少许酱油、精盐、味精、料酒拌匀，放入烧至七成热的油锅内炸呈枣红色，捞出、沥油。

❹ 锅留底油烧热，下入葱白段煸炒出香味，放入炸好的大肠段翻炒片刻，加入清汤、精盐、味精烧至入味，用水淀粉勾薄芡，淋入花椒油炒匀，出锅装盘即成。

烧菜

烧菜是将经过炸、煎、煮或蒸的原料，放入烹制好的汤汁锅里，旺火烧沸，再转中、小火烧至入味，最后用旺火收稠汤汁或勾芡而成。成品质地软嫩，口味浓郁。

蒸菜是将生料经过初加工，加入调料调味，用蒸汽加热至成熟和酥烂，原汁原味，味鲜汤纯的一种烹调方法。蒸比煮的时间要短，可以避免营养素和鲜味的损失。

蒸菜

三鲜蒸南瓜

〇原料〕 香南瓜1000克，虾仁、鲜贝、水发海参各100克，鸡蛋清1个。

〇调料〕 精盐、味精、鸡精、淀粉各适量。

制作步骤

❶ 水发海参洗净，焯水后捞出，捣烂成蓉；虾仁挑除沙线、洗净，剁成蓉；鲜贝也剁成蓉。

❷ 南瓜去皮，挖去瓜瓤，用清水洗净，切成长5厘米、宽3厘米的长方形大块，放入沸水锅内焯烫一下，捞出、沥干。

❸ 虾蓉、鲜贝蓉、海参蓉放入大碗中，先加入精盐拌匀，再加入鸡蛋清、味精、鸡精、淀粉拌匀成馅料。

❹ 在每块南瓜上挖出2个1厘米深的圆洞，酿入馅料，放入盘中，入笼蒸20分钟至熟，取出南瓜块，码放在另一盘内，上桌即可。

萝卜煮蜇丝

⊂原料⊃ 白萝卜300克，水发海蜇200克，瘦猪肉100克。

⊂调料⊃ 姜片15克，葱花10克，精盐、鸡精各1小匙，料酒、植物油各1大匙，鲜汤750克。

制作步骤

❶ 白萝卜去皮、洗净，切成细丝，加入精盐腌出水分；猪瘦肉洗净，切成细丝，放入沸水锅内焯烫一下，捞出、沥水。

❷ 水发海蜇放入清水中浸泡10分钟，搓洗干净，放在案板上，卷成卷，切成丝，再放入清水中浸泡20分钟以去除盐分，捞出。

❸ 锅中加入植物烧至六成热，下入姜片炒出香味，放入白萝卜丝、猪肉丝煸炒片刻，烹入料酒，添入鲜汤。

❹ 用旺火烧沸，撇去浮沫，转小火煮约10分钟，加入精盐、鸡精调味，放入水发海蜇丝，撒入葱花，出锅盛入汤碗中即可。

煮菜

煮菜是将生料或经过初步熟处理的半成品，放入适量汤汁或清水中烧沸，转中小火煮熟的一种方法。煮应用广泛，既可独立用于制作菜肴，又可与其他方法配合制作成菜。

炖菜

炖菜是将食材加上汤水和调味品，先用旺火烧沸，再转中小火长时间烧煮成菜的方法。炖菜大部分主料带骨、带皮，是制作火功菜的技法之一。

小鸡炖蘑菇

原料 净仔鸡1只，榛蘑75克。

调料 葱段、姜片、蒜片、八角、花椒各少许，精盐、味精各1小匙，白糖1大匙，料酒、酱油、清汤、植物油各适量。

制作步骤

❶ 榛蘑用清水浸泡至软，捞出，放入大碗中，加入葱段、姜片和适量的清水，上屉旺火蒸10分钟，取出。

❷ 净仔鸡剁成大块，加入少许料酒拌匀，放入烧沸的锅内焯烫出血水，捞出仔鸡块，换清水冲净。

❸ 锅置火上，加入植物油烧热，下入葱段、姜片、蒜片炒香，放入仔鸡块炒至鸡肉紧缩，烹入料酒，放入八角、花椒炒匀。

❹ 倒入榛蘑翻炒片刻，加入酱油、白糖、精盐、清汤烧沸，转小火炖至仔鸡熟烂入味，拣去花椒、八角，加入味精，出锅即可。

第3天

营养畜肉篇

Yingyang Churoupian

口味
鲜咸

✕ 熘炒肉片 ✕

原 料

猪五花肉350克／青椒片50克／鸡蛋清1个／葱丝、姜
丝各15克／精盐、味精各1/2小匙／白糖、酱油、料酒
各1大匙／花椒油1小匙／水淀粉2小匙／植物油适量

制 作

1 猪五花肉切成大片，剞上花刀，加入少许精盐、酱油、水淀粉、鸡蛋清拌匀、上浆，下入六成热油锅中滑至熟，捞出、沥油。

2 锅中留少许底油，复置火上烧热，下入葱丝、姜丝炝锅出香味，添入少许清水，加入精盐、味精、白糖烧沸。

3 烹入料酒，加入酱油煮沸，撇去表面的浮沫和杂质，用水淀粉勾芡，放入五花肉片、青椒片，用旺火熘炒均匀，淋入花椒油，即可出锅装盘。

豆豉千层肉

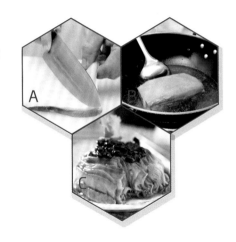

原料

带皮猪五花肉1000克 / 葱段50克 / 姜丝25克 / 精盐1大匙 / 味精1/2大匙 / 酱油3大匙 / 豆豉75克 / 白糖、料酒各2大匙 / 植物油适量 / 清汤200克

制作

1 带皮猪五花肉刮净表面残毛，用冷水冲洗干净，再放入清水锅中，用中火煮至五花肉六分熟，捞出、沥干。

2 锅置火上，加入植物油烧至六成热，下入五花肉炸至金黄色，捞出、晾凉，切成大片，猪肉皮朝下码入大碗中。

3 豆豉、葱段、姜丝、精盐、酱油、料酒、味精、白糖、清汤放容器内调拌均匀，倒入盛有猪肉片的大碗中，入笼用旺火蒸约30分钟，取出，扣入盘中，即可上桌食用。

口味
豉香

红烧小肉丸

口味
鲜咸

原料

猪肉末400克／鸡蛋黄1个／姜末、葱花各10克／精盐2小匙／料酒、酱油各1大匙／味精、香油各1/2小匙／清汤适量／植物油500克（约耗60克）

制作

1 猪肉末放容器内，先加上鸡蛋黄、精盐、料酒和味精调拌均匀，再加上姜末、香油，充分拌匀成馅料。

2 净锅置火上，加上植物油烧至五成热，把馅料挤成直径3厘米大小的肉丸，放入油锅内炸2分钟，捞出、沥油。

3 锅内留少许底油烧热，放入清汤、少许精盐、酱油烧沸，下入猪肉丸，再沸后改用小火烧10分钟至肉丸熟香入味，淋上香油，撒上葱花，出锅装盘即成。

口味
鲜咸

酥香肉段

原料

猪肉300克 / 青、红椒块各25克 / 鸡蛋1个 / 大葱、姜块各5克 / 精盐、味精、鸡精、白糖、米醋、料酒各1小匙 / 淀粉、鲜汤各适量 / 植物油500克(约耗50克)

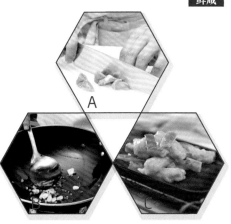

A

制 作

1 猪肉洗净、切成长条, 放在碗内, 加入淀粉、鸡蛋、精盐、鸡精拌匀, 下入七成热油锅内炸至金黄色, 捞出、沥油。

2 大葱去根和老叶, 洗净, 切成末; 姜块去皮, 切成末; 小碗中加入少许鲜汤、酱油、米醋、白糖、味精、淀粉调匀成味汁。

3 锅中加上植物油烧热, 下入葱末、姜末炝锅出香味, 烹入料酒, 放入青、红椒块略炒, 然后下入猪肉段, 倒入味汁翻炒均匀, 淋入香油, 出锅装盘即成。

口味
酒香

⟨百花酒焖肉⟩

原 料

带皮五花肋肉1块(约1000克)／葱段、姜片各15克／精盐2小匙／味精1小匙／白糖、百花酒各3大匙／酱油2大匙

制 作

1 用烤叉插入五花肋肉中, 肉皮朝下烤至上色, 离火后放温水中泡软, 洗净, 切成大块, 在每块肉皮上剞上芦席形花刀。

2 取砂锅1个, 垫入竹箅, 放入葱段、姜片, 将肉块皮朝上摆放入砂锅中, 加入酱油、百花酒、白糖、精盐调匀。

3 倒入适量的清水淹没肉块, 再把砂锅置旺火上烧沸, 盖上砂锅盖, 转小火焖1小时至酥烂, 转旺火收浓汤汁, 拣去葱、姜不用, 加入味精, 出锅装盘即成。

清炖狮子头

原料

猪五花肉600克 / 净菜心10棵 / 排骨100克 / 猪肉皮50克 / 鸡蛋2个 / 精盐1/2小匙 / 味精1小匙 / 葱姜汁2大匙 / 淀粉、料酒各5小匙

制作

1 猪五花肉剁成蓉，加入葱姜汁、料酒、精盐、味精、鸡蛋、淀粉和少许清水，充分搅拌均匀成馅料，捏成直径8厘米大小的肉丸。

2 将排骨洗净，剁成小段，放入沸水锅内焯烫一下，捞出；猪肉皮刮洗干净，入锅焯水，捞出、洗净，切成条。

3 砂锅中放入肉丸、排骨、猪肉皮，倒入足量的清水淹没肉丸，置火上烧沸，转小火炖约2小时，放入净菜心，加入精盐调好口味，略焖几分钟即成。

口味
鲜咸

55

肉皮冻

口味 **鲜咸**

原料

猪肉皮200克／胡萝卜50克／香干、青豆各10克／大葱、姜块、桂皮、八角、香叶各少许／精盐2小匙／白糖1大匙／料酒2大匙／酱油、胡椒粉各1小匙

制作

1 猪肉皮去净绒毛，再用钝刀刮净肉皮表面的白膘，放入清水中漂洗干净，沥净水分，切成细丝。

2 胡萝卜去根，洗净，削去外皮，切成1厘米大小的小丁；香干也切成小丁；大葱去根和老叶，洗净，切成段；姜块去皮，切成片。

3 净锅置火上，放入清水、葱段、姜片、桂皮、八角、香叶、精盐、白糖、料酒、酱油、胡椒粉煮10分钟。

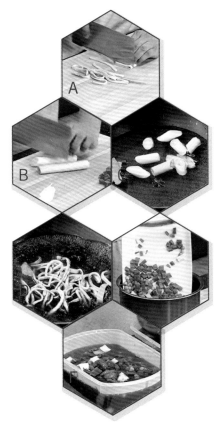

4 捞出锅内配料和杂质，放入猪皮丝调匀，倒入高压锅内压约30分钟。放入胡萝卜丁、香干丁、青豆调匀，出锅倒在容器内，晾凉后成肉皮冻，食用时切成条块，装盘上桌即可。

小窍门

猪肉皮是一种营养价值比较高的食材，含有丰富的蛋白质、胶原蛋白、碳水化合物等，而脂肪含量仅为猪肉的一半，中医认为猪肉皮有滋阴补虚，养血益气之功效，可用于治疗心烦、咽痛、贫血及各种出血性疾病。

翡翠腰花

原料

猪腰200克 / 冲菜100克 / 红辣椒粒15克 / 香菜根
10克 / 葱花、蒜泥各10克 / 精盐、味精、白糖、胡
椒粉、香油各1/2小匙 / 香醋2小匙 / 鸡汤4大匙

制作

1 冲菜洗净、切碎, 放入烧热的锅中煸炒3分钟, 出锅倒入盆中, 用保鲜膜密封至冷却; 香菜根洗净。

2 猪腰剥去筋膜, 对半剖开, 剔去腰臊, 剞上一字花刀, 再切成片, 放入沸水锅中焯至断生, 捞出、过凉, 沥去水分。

3 把鸡汤、香菜根放入锅中熬成稠汁, 过滤后加入精盐、味精、白糖调匀成味汁; 冲菜加入精盐、香醋、蒜泥拌匀, 放上猪腰片, 淋入味汁、香油, 撒上红椒粒、葱花即可。

口味
鲜辣

口味
椒麻

▸银芽腰丝◂

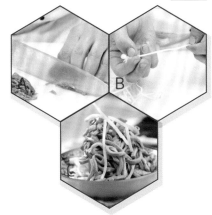

原 料

猪腰250克／绿豆芽（银芽）50克／精盐、味精、花椒粉、白糖各少许／酱油、白醋、花椒油、香油各1小匙／辣椒油4小匙

制 作

1 猪腰撕去表面筋膜，对剖成两半，片去中间白色腰臊，加入白醋浸泡片刻，用清水洗净，沥水，切成粗丝。

2 猪腰丝放入沸水锅中焯至断生，捞出、沥水；绿豆芽洗净，放入沸水锅中焯熟，捞出、沥水，放入盘中垫底，再放上猪腰丝。

3 小碗中加入精盐、味精、白糖、酱油、花椒粉、香油拌匀成味汁，浇在猪腰丝、豆芽上，再淋入烧热的辣椒油和花椒油拌匀即成。

口味
鲜咸

◁家常扒五花▷

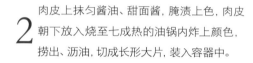

原料

带皮五花肉500克／酸菜150克／香葱25克／香菜15克／大葱段、姜片、精盐、鸡精、酱油、豆瓣酱、甜面酱、白醋、料酒、水淀粉、植物油各适量

制作

1 酸菜去根，洗净，切成丝；香葱去根，洗净，切成粒；香菜取嫩叶，洗净；五花猪肉洗净，放入沸水锅中煮至八分熟，捞出。

2 肉皮上抹匀酱油、甜面酱，腌渍上色，肉皮朝下放入烧至七成热的油锅内炸上颜色，捞出、沥油，切成长形大片，装入容器中。

3 锅内下入葱段、姜片、豆瓣酱炒香，放入酸菜丝炒匀，加入料酒、精盐、鸡精、酱油炒至入味，出锅倒在五花肉上，放入蒸锅中蒸熟，取出扣入盘中，淋入蒸肉原汁，撒上香葱、香菜叶即可。

南乳红烧肉

口味
鲜咸

原 料

带皮猪五花肉1块（约750克）/ 红油腐乳2小块 / 精盐1小匙 / 酱油1大匙 / 料酒4小匙 / 冰糖2小匙 / 植物油2大匙

制 作

1 带皮猪五花肉洗净，切成块，用少许精盐腌10分钟，放入沸水中焯烫2分钟，捞出；红油腐乳加上适量腐乳汁，捣碎成腐乳蓉。

2 净锅置火上，加上植物油烧至五成热，下入冰糖，用小火熬制成糖色，放入焯好的五花肉块爆炒到肉块表面有点焦黄。

3 放入腐乳蓉、酱油、料酒、精盐翻炒均匀至上色，加上适量清水淹没五花肉块，旺火烧沸后改用小火烧焖约1小时，待锅内汤汁浓稠后，转旺火收浓汤汁即成。

金牌沙茶骨

原 料

猪排骨500克／蒜蓉15克／沙茶酱1大匙／味精、
白糖、海鲜酱、老抽、生抽、蚝油各1小匙／植物
油适量

制 作

1 猪排骨洗净，剁成小段，放入盆中，加入海
鲜酱、沙茶酱、老抽、生抽、蚝油、味精、白
糖拌匀，腌渍2小时。

2 锅置火上，加入植物油烧至四成热，放入排
骨段慢慢炸熟，捞出，待锅内油温升至八成
热时，放入排骨炸至酥脆，捞出。

3 把炸好的排骨段沥油，码放在盘内；锅中留少许底油，复置火上烧热，放入蒜蓉、少许沙茶酱炒
出香味，出锅淋在炸好的排骨段上即可。

口味
沙茶

口味
鲜咸

⟨肚片烧双脆⟩

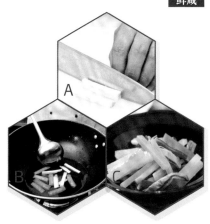

原料

熟白肚、冬笋各200克 / 扁豆150克 / 精盐、味精、料酒
各1小匙 / 白糖1/2小匙 / 香油1大匙 / 植物油2大匙 /
老汤250克

制作

1 熟白肚、冬笋洗净, 均切成一字条; 扁豆去
豆筋, 洗净, 切成段, 放入沸水锅中焯透, 捞
出, 用冷水泡凉。

2 锅置火上, 加入高汤、精盐、味精、料酒、白
糖烧沸, 撇去浮沫, 放入熟白肚条、冬笋条
烧约5分钟, 捞出。

3 净锅加入植物油烧至四成热, 下入肚条、笋条炸至淡红色, 捞出, 放入扁豆条滑油, 捞出、沥油;
锅留底油烧热, 放入冬笋条、肚条、扁豆、味精、白糖、料酒炒匀, 淋入香油, 出锅装碗即成。

腊八蒜烧猪手

口味
蒜香

原 料

猪蹄1000克 / 腊八蒜150克 / 葱段、姜块各25克 /
八角3个 / 精盐少许 / 陈醋适量 / 白糖、胡椒粉各
1小匙 / 酱油2大匙 / 料酒1大匙 / 植物油2大匙

制 作

1 猪蹄刮净表面的绒毛，用清水漂洗干净，沥
净水分，先从中间切成两半，再剁成大块，放
入沸水锅内焯烫一下，捞出。

2 净锅置火上，加上适量的清水煮沸，放入猪
蹄块、葱段、姜块、八角，再沸后改用小火炖
约1小时至熟，捞出。

3 净锅置火上，加上植物油烧至六成热，放入
猪蹄块、料酒、酱油炒至上色，加入陈醋、白
糖、胡椒粉、精盐调匀。

小窍门

猪蹄细嫩味美，营养丰富，是老少皆
宜的烹调食材之一。家庭中购买的猪蹄如
果黏附一些脏物，直接用自来水冲洗很难
洗净，可在清洗前把猪蹄浸泡在淘米水里
几分钟，捞出，再用清水刷洗干净，脏物就
容易去掉了。

4 滗入炖猪蹄的汤汁，烧沸后改用小火焖20分钟，改用旺火收浓汤汁，放入腊八蒜调匀，出锅倒入
砂煲内，上桌即成。

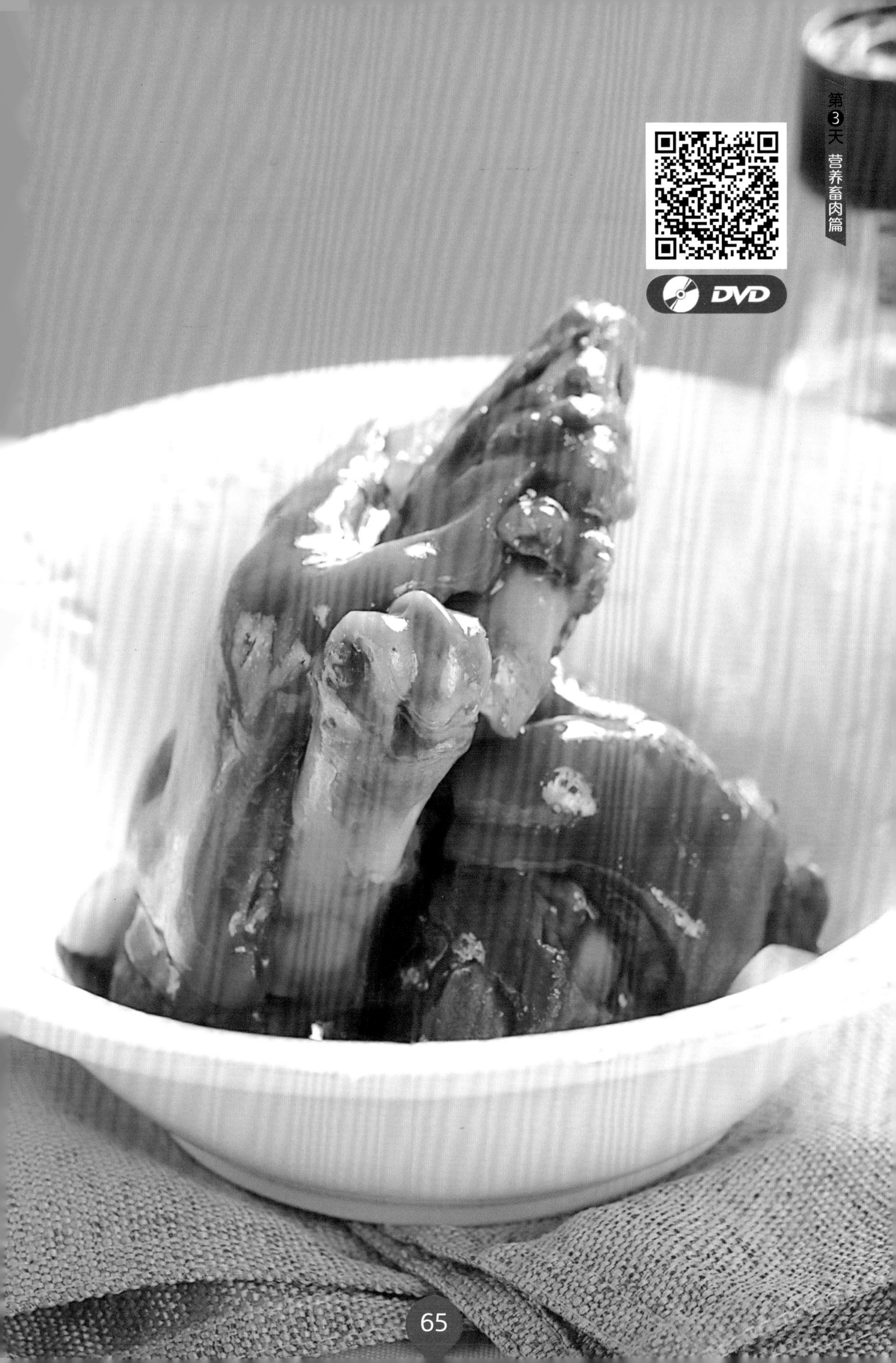
DVD

口味
鲜辣

⟨蹄筋拌莴笋⟩

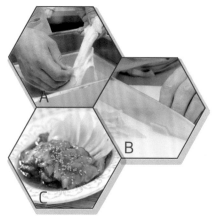

A

B

C

原料

水发蹄筋400克／莴笋100克／熟芝麻少许／大葱
10克／生抽2大匙／辣椒油3大匙／精盐、味精、鸡
精、白糖、料酒、花椒油、香油各少许

制作

1 将水发蹄筋洗净，剪去两头，撕去杂质，然后下入沸水锅内，快速焯烫一下，捞出、沥水，切成小段。

2 大葱去根和老叶，取大葱段，斜切成片，与水发蹄筋、白糖、生抽、味精、鸡精、香油一起放入容器中拌匀。

3 莴笋去根，削去外皮，洗净，切成大片，下入沸水锅中焯烫一下，捞出、沥干，加入少许精盐拌匀，放入盘中，然后放上水发蹄筋段，淋入辣椒油、花椒油，撒上熟芝麻即成。

酸菜五花肉

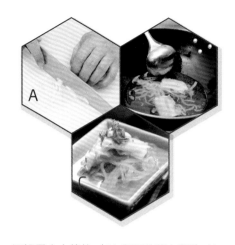

A

原 料

带皮猪五花肉1块（约250克）/ 东北酸菜1/2棵
（约200克）/ 细粉丝20克 / 香菜15克 / 精盐2小
匙 / 胡椒粉1小匙

制 作

1 带皮猪五花肉刮洗干净，切成薄片；东北酸菜去根，洗净，攥干水分，切成细丝；香菜洗净，切成小段。

2 汤锅置火上烧热，加入适量的清水煮沸，放入猪五花肉片，用中火煮至五花肉熟嫩，放入酸菜丝调匀。

3 用小火煮约10分钟，加入精盐调好口味，关火后静置30分钟，使酸菜味道慢慢渗入汤中，再置火上烧沸，加上胡椒粉，撒上香菜段，出锅装碗即可。

口味
酸香

木须肉

口味
鲜咸

原料

猪里脊肉200克／鸡蛋2个／黄瓜、洋葱、胡萝卜、水发木耳各适量／精盐1小匙／酱油1大匙／味精、香油各少许／植物油2大匙

制作

1 猪里脊肉切成片，加上少许鸡蛋、精盐、料酒拌匀；水发木耳撕成小块；黄瓜、胡萝卜分别洗净，切成菱形片。

2 洋葱剥去外皮，洗净，切成小块；鸡蛋磕在碗内，搅拌均匀成鸡蛋液，放入烧热的油锅内翻炒至熟，盛出。

3 锅内加上植物油烧热，下入猪肉片、洋葱稍炒至变色，加上胡萝卜、黄瓜片、水发木耳炒匀，加上精盐、酱油、味精调好口味，下入炒熟的鸡蛋炒匀，淋上香油，出锅装盘即成。

口味
鲜咸

如意蛋卷

原料

猪肉末200克 / 鸡蛋1个 / 紫菜2张 / 鸡蛋皮1张 / 枸杞子10克 / 葱末、姜末各5克 / 精盐、胡椒粉各1小匙 / 料酒、香油各1大匙 / 水淀粉、淀粉、植物油各适量

制作

1. 猪肉末放容器内，加上葱末、姜末、精盐、料酒、香油、胡椒粉、鸡蛋和剁碎的枸杞子拌匀成馅料。

2. 鸡蛋皮放在案板上，均匀地撒上淀粉，放上紫菜，涂抹上馅料，从两端朝中间卷起成如意蛋卷生坯。

3. 笼屉刷上少许植物油，码放上如意蛋卷生坯，放入蒸锅内，用旺火沸水蒸约20分钟，取出、晾凉，切成小片，码盘上桌即可。

口味
熏香

✕ 熏香排骨 ✕

原 料

猪排骨1200克 / 姜片30克 / 精盐1小匙 / 料酒3大匙 / 酱油2大匙 / 料包1个（八角3粒 / 花椒3克 / 丁香、桂皮、小茴香各2克）/ 白糖、茶叶各适量

制 作

1 猪排骨顺骨缝切成长条，再剁成6厘米大小的块，用清水洗净，放入清水锅中焯烫至透，捞出、沥干。

2 锅中加入清水、姜片、精盐、料酒、酱油和料包烧沸，煮20分钟成卤汤，放入排骨块卤至熟香，捞出。

3 熏锅置火上，撒上浸湿的茶叶，再加上白糖拌匀，放上箅子，摆上猪排骨块，盖上锅盖后稍熏片刻，离火出锅，装盘上桌即可。

⫩叉烧排骨⫪

原 料

猪排骨500克/小油菜150克/熟芝麻少许/葱段
15克/姜片10克/精盐、味精、白糖、料酒各2小
匙/腐乳1小块/番茄酱2大匙/植物油适量

制 作

1 猪排骨洗净血污,沥净水分,剁成小段;小
油菜择洗干净,放入沸水锅中焯烫一下,捞
出、沥干,摆入盘中垫底。

2 排骨块放入盆中,加入腐乳、葱段、姜片、白
糖、精盐、味精拌匀,腌渍至入味,再放入
热油锅中煎至表面酥脆,捞出、沥油。

3 另起锅,加入少许植物油烧热,放入番茄酱、腌排骨的味汁、排骨段及适量清水烧沸,转小火烧
至排骨块熟透、软烂时,出锅盛在小油菜上,撒上熟芝麻即可。

口味
酸甜

粉蒸牛肉

口味
咸香

原料

牛腩肉500克 / 干米饭粒300克 / 青蒜段、葱段、姜片、陈皮、桂皮、八角、花椒、味精、白糖、酱油、料酒、蚝油、黄酱、香油、植物油各适量

制作

1 牛腩肉去除筋膜和杂质,用清水浸泡并洗净,捞出,沥净水分,切成小块,放入清水锅内略焯,捞出。

2 取压力锅内锅,加入桂皮、葱段、姜片、八角、陈皮、酱油、蚝油、黄酱、味精、白糖和料酒调匀。

3 放入焯好的牛腩块,倒入适量的清水淹没牛腩块,上锅后压制约10分钟至七分熟,出锅、装碗。

4 干米饭粒放入锅中略炒,放入陈皮、桂皮、花椒、八角炒至焦黄,出锅、晾凉,放入粉碎机中打成米粉,倒入牛肉碗中,加入香油,入锅蒸30分钟,出锅装盘,撒上青蒜段即成。

小窍门

　　牛腩肉位于牛的两条后腿前面,紧靠弓扣后的腹肉,其瘦肉含量多,带有少许脂肪,肉质细嫩无筋络,色泽红润,吃水性强,是牛身上食用价值很高的部分。另外牛腩肉中的牛上臀肉切自牛的臀肉(又称为厚牛腩),可代替牛里脊肉使用。

莴笋烧牛肉

原料

牛肋条肉1000克／莴笋500克／葱段、姜片各20克／精盐、味精各1小匙／白糖、番茄酱、料酒、香油、熟猪油各适量

制作

1 莴笋去根、去皮，洗净，削成球状，放入沸水锅中略焯，捞出；牛肋条肉切成小块，放入清水锅中煮至八分熟，捞出、沥水。

2 锅内下入葱段、姜片、牛肉、白糖、煮牛肉汤汁烧沸，小火烧至熟烂，放入莴笋球、精盐、味精烧至入味，捞出牛肉块和莴笋球。

3 另锅置火上，加入熟猪油烧热，先放入番茄酱和料酒炒透，加入牛肉块和少许烧牛肉原汁，用旺火收浓汤汁，淋入香油，出锅盛入盘中，四周摆上莴笋球即成。

口味
鲜咸

74

口味
鲜咸

✕芝麻牛排✕

原 料

牛里脊肉300克 / 芝麻50克 / 鸡蛋2个 / 精盐、味精各1/2小匙 / 胡椒粉少许 / 面粉、花椒盐各适量 / 料酒1大匙 / 植物油1500克(约耗100克)

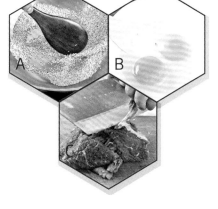

制 作

1 芝麻放入热锅内炒出香味,出锅、晾凉;鸡蛋磕入碗中,加入精盐搅匀成鸡蛋液;牛里脊肉洗净,切成厚片成牛排。

2 用刀背把牛排拍至松散,加入精盐、味精、料酒、胡椒粉调拌均匀,腌渍入味,拍匀面粉,挂匀鸡蛋液,粘匀熟芝麻,压实。

3 锅中加上植物油烧至四成热,逐片下入牛排炸2分钟,将牛排翻面,再炸1分钟至牛排熟透、呈金黄色,捞出、沥油,切成2厘米宽的小条,码入盘中,带花椒盐一起上桌即可。

口味
鲜咸

◂枸杞炖牛鞭▸

原料

牛鞭(水发)1000克 / 鸡腿500克 / 火腿片50克 / 枸杞子25克 / 净菜心、水发冬菇各少许 / 葱段、姜块、精盐、味精、胡椒粉、料酒、熟猪油、牛肉清汤各适量

制作

1 牛鞭顺长剖开, 洗净, 剞上花刀, 切成小段; 鸡腿剁成块, 与牛鞭一起放入沸水锅中, 加入料酒、葱段、姜块焯5分钟, 捞出、沥水。

2 锅置火上, 加入熟猪油烧热, 下入葱段、姜块炒出香味, 放入牛鞭、火腿片、牛肉清汤、鸡腿块烧沸, 撇去浮沫。

3 倒入砂锅中, 用小火炖2小时至熟烂, 取出鸡块、葱段、姜块不用, 放入净菜心、冬菇和枸杞子烧沸, 撇去浮沫, 加入精盐、味精、胡椒粉调好口味, 离火上桌即可。

糖醋小排

口味 糖醋

原料

猪小排1大块（约750克）/ 葱段25克 / 姜丝10克 / 精盐1/2小匙 / 生抽1小匙 / 冰糖、香醋各2大匙 / 白胡椒粉少许 / 植物油适量

制作

1 猪小排洗净，剁成4厘米长的小块，放在容器内，加入料酒、生抽、葱段、姜丝和白胡椒粉拌匀，腌渍30分钟。

2 净锅置火上烧热，加上植物油烧至六成热，放入猪小排块，调成中小火炸至小排块焦黄、熟香，出锅、沥油。

3 锅内留少许底油烧热，放入冰糖和少许清水熬煮至冰糖溶化，继续加热至糖浆开始变成金黄色时，加入香醋和精盐，用小火熬煮至黏稠，放入排骨翻炒均匀，淋上香油，出锅装盘即成。

山药炖羊肉

原料

羊肉500克 / 山药200克 / 枸杞子25克 / 葱段、姜片各10克 / 精盐2小匙 / 鸡精1大匙 / 胡椒粉、香油各少许 / 料酒2大匙 / 植物油适量

制作

1 羊肉洗净,切成小块,放入清水锅中煮沸,捞出、冲净;山药去皮,洗净,切成滚刀块,用清水浸泡;枸杞子用温水泡软。

2 净锅置火上,加上植物油烧热,下入葱段、姜片炒香,烹入料酒,添入适量清水,放入羊肉块煮沸。

3 转小火炖至羊肉近熟,下入山药块、枸杞子,加入精盐、鸡精、胡椒粉调味,续炖25分钟至软烂,拣出葱段、姜片不用,起锅倒入汤盆中,淋上香油即可。

口味
鲜咸

口味
葱油

葱油羊腰片

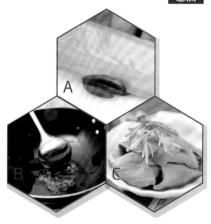

原料

羊腰子500克 / 香菜段少许 / 葱丝、姜丝、红干椒丝各15克 / 精盐、料酒各1/2小匙 / 豉油2大匙 / 淀粉适量 / 葱油3大匙 / 植物油500克(约耗30克)

制作

1 羊腰子剖开,去除内膜及腰臊,洗净,切成薄片,加入精盐、料酒腌渍2分钟,再加入淀粉拌匀。

2 净锅置火上,加入植物油烧至四成热,下入羊腰片滑散至熟,捞出羊腰片,沥油,码放在盘内。

3 将豉油浇在羊腰片上,撒上葱丝、姜丝、红干椒丝及香菜段,淋入烧至九成热的葱油炝拌出香味,上桌即可。

金针菇小肥羊

口味
鲜咸

原料

嫩羊肉片250克 / 鲜金针菇200克 / 红椒、葱末、姜末、蒜末各10克 / 精盐、味精、白糖、酱油、蚝油、啤酒、番茄酱、花椒油、植物油各适量

制作

1 把金针菇去掉根, 用淡盐水浸泡并洗净, 沥净水分, 分成小朵; 红椒去蒂及籽, 洗净, 切成细末。

2 净锅置火上, 加上植物油烧至七成热, 下入蒜末、姜末炒香, 放入蚝油、番茄酱、酱油、啤酒、精盐、味精、白糖、清水煮沸。

3 放入羊肉片煮至肉片变色, 捞出、沥净, 装入大碗中; 锅中汤汁再烧沸, 放入金针菇烫熟, 倒入羊肉碗中。

4 在盛有金针菇、羊肉片的碗内撒上红椒末、葱末; 净锅复置火上, 加上花椒油烧至九成热, 出锅淋在羊肉片上即成。

小窍门

羊肉营养丰富, 含有多量的蛋白质、脂肪、碳水化合物、维生素和多种微量元素, 具有温中补虚、温经补血、温肾壮阳、开胃健力、生精血等功效, 可用于治疗虚劳羸瘦、腰膝酸软、产后虚冷、虚寒胃痛、肾虚阳痿等症。

口味
鲜咸

◢兔肉芦笋丝◣

原 料

净兔肉1块(约250克)／芦笋丝100克／红椒丝25克／
精盐适量／味精、白糖各2小匙／花椒油1小匙／植物
油1大匙

制 作

1 把兔肉洗净, 放入锅中, 加入适量清水旺火煮约5分钟, 再转小火煮约20分钟至熟透, 捞出、沥水。

2 兔肉用小木棒轻轻捶打至松软, 撕成均匀的兔肉丝; 锅中加入清水、精盐、植物油, 下入芦笋丝焯烫一下, 捞出、沥水。

3 将芦笋丝、红椒丝放入大碗中, 加入熟兔肉丝拌匀, 再加入精盐、味精、白糖, 淋入花椒油搅均拌匀, 装盘上桌即成。

第4天

蔬菜菌藻篇
Shucai Junzaopian

口味
鲜咸

牛肉扒菜心

原　料

净白菜心500克／牛肉400克／香菜段少许／葱段、姜片各5克／八角5粒／精盐1小匙／味精1/2小匙／酱油2大匙／料酒3大匙／高汤100克

制　作

1　净白菜心切成2厘米高的菜墩；牛肉切成大块，放入清水锅内，加上葱段、姜片、八角烧沸，转小火煮20分钟，捞出、晾凉。

2　把牛肉切成象眼块，放入碗中，加入精盐、八角、葱段、姜片、酱油、料酒、香油、味精、高汤，上屉蒸至熟烂，取出。

3　把蒸牛肉的原汁放入净锅内烧沸，先放上白菜墩煮熟，摆上牛肉块，转小火扒烧几分钟，转旺火收浓汤汁，出锅即成。

‹栗子扒油菜›

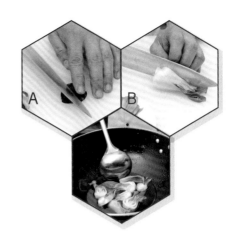

原料

油菜250克/熟板栗肉150克/香菇50克/胡萝卜
片少许/姜片5克/精盐、白糖、胡椒粉、水淀粉、
酱油、料酒、香油、清汤、植物油各适量

制作

1 香菇去蒂，洗净，切成两半；熟板栗肉切成
两半；油菜洗净，放入沸水锅中焯烫一下，捞
出、沥水。

2 净锅置火上，加入植物油烧至六成热，放入
油菜稍炒，加入精盐、味精炒匀，出锅码放
入盘中垫底。

3 锅中加入少许植物油烧热，下入姜片爆香，放入香菇、板栗肉、胡萝卜片炒匀，加入精盐、白糖、胡
椒粉、料酒、清汤扒至入味，用水淀粉勾芡，淋上香油，出锅盛在油菜上即成。

口味
鲜咸

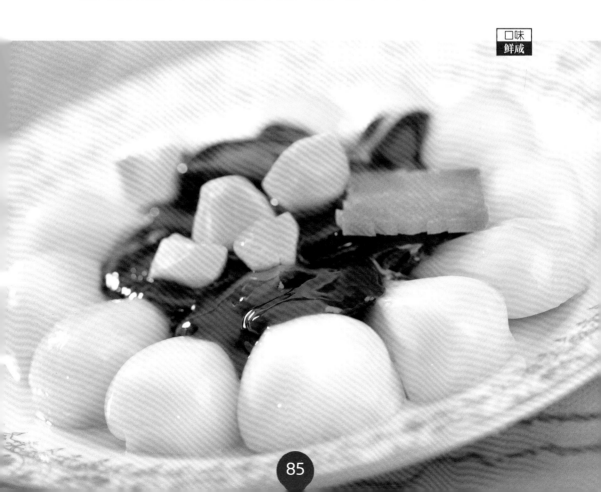

虾皮彩椒

口味
鲜咸

原料

青柿子椒、红柿子椒、黄柿子椒各1个／虾皮35克／大葱15克／精盐1小匙／料酒2大匙／白糖、味精各少许／植物油4小匙

制作

1 青柿子椒、红柿子椒、黄柿子椒分别去蒂、去籽，用清水洗净，沥净水分，切成均匀的菱形块。

2 大葱去根和老叶，洗净，切成碎末；虾皮洗净，放在小碗内，加上料酒调匀，上屉旺火蒸5分钟，取出。

3 净锅置火上，加上植物油烧至六成热，放入虾皮、葱末煸炒出香味，倒入三种颜色柿子椒炒匀，加上精盐、少许料酒、白糖、味精翻炒均匀，淋上香油，出锅装盘即成。

椒油炝双丝

原料

白萝卜250克 / 心里美萝卜200克 / 水发海蜇丝50克 /
花椒5克 / 精盐1小匙 / 味精少许 / 白糖、白醋、植物
油各适量

制作

1　水发海蜇丝放入清水盆中，轻轻揉搓以去除泥沙，放入沸水锅中焯烫一下，捞入冷水中冲洗、浸泡，除去咸涩味。

2　白萝卜、心里美萝卜分别去皮，切成5厘米长的细丝，放入大碗中，加入适量精盐拌匀，腌渍1小时，用冷水泡透，攥干水分。

3　白萝卜丝、心里美萝卜丝、海蜇丝放入碗中拌匀，加入精盐、白糖、醋精、味精调匀，腌渍20分钟，装入盘中；锅中加入花椒油烧至九成热，浇在萝卜丝和海蜇丝上即可。

口味
鲜咸

苋菜海蜇头

原料

苋菜250克 / 水发海蜇头150克 / 葱丝10克 / 精盐、米醋、味精各1小匙 / 白糖1/3小匙 / 香油1/2小匙 / 花椒油适量

制作

1 水发海蜇头洗净,放入大瓷碗中,加入沸水浸泡20分钟,捞出,用冷水洗净,切成均匀的丝(或片成薄片)。

2 苋菜洗净,下入沸水锅中,加入少许精盐,用旺火烧沸,焯至熟烂,捞入冷水中浸泡至凉透,捞出、沥水,切成3厘米长的段。

3 将加工好的苋菜段、海蜇头丝放入大碗中,加入米醋、味精、白糖、精盐、花椒油拌匀,码放在盘中,撒上葱丝即成。

◁ 苋菜牛肉片 ▷

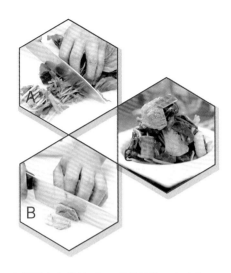

A

B

原料

苋菜300克/牛肉150克/蟹柳50克/葱段、姜末、蒜片各10克/精盐、香醋、味精、料酒、香油、花椒油各1/2小匙/水淀粉2小匙/植物油2大匙

制作

1 苋菜择洗干净,切成小段;牛肉洗净,切成薄片,放入碗中,加入料酒、水淀粉拌匀、上浆;蟹柳切成小段。

2 净锅置火上烧热,加入植物油烧至六成热,先下入葱段、姜末、蒜片炝锅出香味,放入牛肉片炒至变色。

3 加入苋菜段、蟹柳段,用旺火略炒片刻,放入精盐、香醋翻炒均匀,淋入花椒油、香油,加入味精调匀,装盘上桌即可。

口味
鲜咸

鲜虾炝豇豆

口味
鲜咸

原料

豇豆150克／河虾100克／胡萝卜、熟玉米粒、花生碎各少许／蒜末、姜末各15克／精盐、味精、白糖、料酒、香油、胡椒粉、植物油各适量

制作

1 豇豆切成小段，放入加有少许精盐、白糖的沸水锅中焯烫一下，捞出；胡萝卜洗净，切成小条，放入沸水锅中焯烫一下，捞出、沥水。

2 河虾洗净、沥去水分，放入烧热的油锅内，用旺火炒干水分，再放入熟玉米粒炒匀，出锅装入碗中。

3 在盛有河虾、熟玉米粒的碗内撒上姜末，再趁热加上精盐、味精、白糖、胡椒粉、香油、料酒调拌均匀。

4 净锅复置火上，加入少许植物油烧至七成热，下入蒜末、豇豆段、胡萝卜条炒匀，放入河虾、花生碎翻炒均匀，出锅装盘即可。

小窍门

保存青虾前要掐去虾须（因青虾头部很娇嫩，如不掐去虾须，易扯掉虾头）。先在桶底放一块冰，上面撒上少许精盐，将青虾伸直，整齐地码放在上面，在撒些碎冰，桶口用湿草袋或麻袋盖严，可保鲜7天左右。

香酥萝卜丸

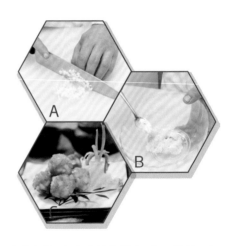

原料

白萝卜300克 / 鱼肉蓉100克 / 馒头75克 / 精盐2小匙 / 味精1小匙 / 鸡精1/2小匙 / 白胡椒粉少许 / 料酒2大匙 / 植物油适量

制作

1 白萝卜去根, 削去外皮, 用清水洗净, 沥水, 切成小粒, 加上少许精盐抓匀, 再挤干水分; 馒头切成小粒。

2 白萝卜粒、鱼肉蓉放容器内, 加入精盐、味精、鸡精、白胡椒粉、料酒搅拌起劲, 挤成萝卜丸, 蘸匀馒头粒并压实成萝卜丸生坯。

3 净锅置火上, 加入植物油烧至四成热, 放入萝卜丸生坯, 小火炸至丸子全部浮起, 捞出, 待锅内油温升高后, 再放入萝卜丸炸至金黄色, 取出装盘即可。

口味
鲜咸

口味
鲜辣

蒜薹拌猪舌

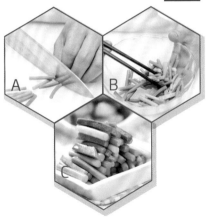

A B

C

原 料

蒜薹250克／熟猪舌150克／精盐1小匙／味精、花椒粉各1/2小匙／生抽、白糖、葱油、红辣椒油、泡菜盐水各适量

制 作

1 蒜薹用清水洗涤整理干净，放入泡菜盐水中腌泡至入味，捞出蒜薹，去掉根，切成4厘米长的小段。

2 将熟猪舌切成0.3厘米见方的粗丝；蒜薹段放入沸水锅内焯烫一下，捞出、沥水，与熟猪舌丝拌匀，整齐地摆放入盘中。

3 小碗内加入精盐、味精、花椒粉、白糖、生抽、葱油、红辣椒油，充分调匀成味汁，浇淋在盘中蒜薹和猪舌上即成。

口味
鲜咸

‹土豆赛鸽蛋›

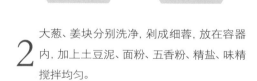

A

原料

土豆300克 / 面粉50克 / 大葱、姜块各少许 / 花椒盐
适量 / 精盐1/2小匙 / 味精1/3小匙 / 五香粉少许 / 植
物油1000克(约耗150克)

制作

1 土豆洗净, 放入清水锅内, 中火煮约10分钟
至熟, 捞出、晾凉, 剥去外皮, 放在容器内
压成泥状。

2 大葱、姜块分别洗净, 剁成细蓉, 放在容器
内, 加上土豆泥、面粉、五香粉、精盐、味精
搅拌均匀。

3 净锅置火上, 加入植物油烧至七成热, 将土豆泥挤成小丸子, 下入油锅中炸透, 呈金黄色时捞出,
沥油, 码放在盘内, 跟花椒盐上桌即可。

椒盐藕片

口味 椒盐

原 料

南莲藕400克 / 青椒块、红椒块各25克 / 鸡蛋1个 / 精盐1小匙 / 椒盐2小匙 / 淀粉2大匙 / 白糖、味精各少许 / 植物油适量

制 作

1 莲藕去掉藕根、藕节，削去外皮，洗净，切成厚片，放在容器内，加上精盐、鸡蛋、淀粉拌匀、挂糊。

2 净锅置火上，加上植物油烧至六成热，下入莲藕片，用旺火炸至色泽金黄，捞出莲藕片，沥油。

3 锅留少许底油烧热，下入青椒块、红椒块炒香，放入椒盐、白糖、味精和炸好的莲藕片，用旺火快速翻炒均匀，出锅装盘即成。

⟨ 一品香酥藕 ⟩

原料

莲藕500克 / 五花猪肉250克 / 鸡蛋1个 / 葱末、
姜末各少许 / 吉士粉、辣椒酱、胡椒粉、精盐、料
酒、淀粉各1小匙 / 面粉1大匙 / 植物油适量

制作

1 五花猪肉洗净, 沥净水分, 剁成细蓉, 放在
容器内, 加入精盐、辣椒酱、葱末、姜末、胡
椒粉、料酒拌匀成馅料。

2 莲藕去皮, 洗净, 切成圆片; 取一器皿, 加入
面粉、淀粉、吉士粉、鸡蛋液和少许清水搅
拌成面糊。

3 在两片莲藕片中间夹入少许馅料, 裹上一层面糊, 逐个放入烧至六成热的油锅内炸至两面金黄
色, 取出、沥油, 装盘上桌即可。

口味
鲜咸

口味
鲜咸

彩椒山药

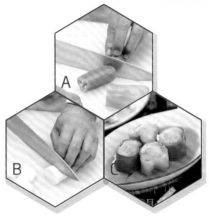

原料

山药300克／彩椒6个／鸡蛋清1个／葱段、姜片、丁香、精盐、鸡精、白糖、酱油、淀粉、香油、料酒、鲜汤、植物油各适量

制作

1 彩椒去蒂、去籽及内筋，用清水漂洗干净，擦净水分，切成小段；山药洗净，上笼蒸熟，取出、晾凉。

2 把熟山药去皮，放入容器中捣成山药泥，加入精盐搅拌均匀；鸡蛋清放入碗中，加入淀粉调匀成蛋清糊。

3 将彩椒段内部涂上蛋清糊，酿入山药泥，码放入盘中，上笼蒸约6分钟，取出；锅置火上，加入鲜汤、调料烧沸，用水淀粉勾薄芡，起锅浇在彩椒段上即可。

家常素丸子

口味
鲜咸

原料

土豆、胡萝卜各100克 / 洋葱50克 / 粉丝20克 / 香菜末15克 / 鸡蛋1个 / 面粉、淀粉各5小匙 / 精盐1小匙 / 五香粉、香油、胡椒粉、植物油各适量

制作

1 土豆、胡萝卜分别去皮,洗净,切成细丝;粉丝用清水浸泡至涨发,控净水分,切成碎末;洋葱洗净,切成碎末。

2 把洋葱末、香菜末、胡萝卜丝、土豆丝和粉丝末放在容器内,加入精盐拌匀,攥去水分,放入鸡蛋、面粉和淀粉拌匀。

3 加入香油、五香粉和胡椒粉,充分搅拌均匀成素丸子馅料;取少许馅料,团成直径2厘米大小的素丸子生坯。

小窍门

制作时如果想让素丸子外表更加酥脆,可以加入少量的玉米粉,但要注意玉米粉不宜放得太多,否则还是影响口感;另外如果想要素丸子的口感松软一些,可以在原料中加入三分之一的豆腐,先烫一下并捏碎,再与食材搅拌均匀即可。

4 净锅置火上烧热,加入植物油烧至五成热,放入素丸子生坯,用旺火炸至素丸子生坯熟脆,捞出、沥油,装盘上桌即可。

口味
鲜咸

⊲炝拌芥蓝⊳

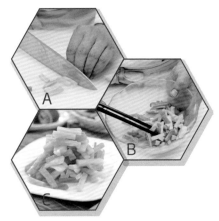

原 料

芥蓝300克 / 胡萝卜100克 / 葱花10克 / 精盐1小匙 / 花椒油2小匙 / 香油1/2小匙 / 味精1/2大匙 / 白糖少许 / 植物油适量

制 作

1 芥蓝去叶,削去外皮,洗净,切成3厘米长的段;胡萝卜洗净,削去外皮,先横切成3厘米长的段,再顺切成0.5厘米见方的条。

2 锅中加入清水,加入精盐、植物油烧沸,下入胡萝卜条焯约2分钟,再下入芥蓝段焯烫1分钟至熟透,捞出、沥水。

3 将芥蓝段、胡萝卜条趁热放入大瓷碗中,加入葱花、精盐、味精、白糖拌匀,淋入烧热的花椒油炝出香味,加上香油拌匀即可。

蜜汁地瓜

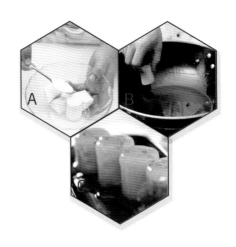

原料

地瓜2个（约500克）/白糖5小匙/麦芽糖1大匙/
蜂蜜4小匙/糖桂花酱2小匙

制作

1 将地瓜去皮，用清水洗净，先切成比较厚的条状，再削成直径4厘米的小墩状，放入盆中，加入白糖拌匀，腌拌2小时。

2 净锅置火上烧热，加入蜂蜜、糖桂花酱、白糖和适量清水烧沸，用旺火翻炒几分钟至糖汁浓稠。

3 放入地瓜墩，用旺火继续烧沸，盖上锅盖，再转小火烧焖至地瓜墩熟软、汤汁浓稠时，改用旺火收汁，出锅装盘即可。

口味
香甜

酱烧茄子

口味
酱香

原料

茄子500克／青椒、红椒各25克／蒜瓣25克／甜面酱2大匙／精盐少许／料酒1大匙／白糖2小匙／香油少许／植物油适量

制作

1 茄子去蒂，洗净，削去外皮，用清水洗净，沥净水分，切成5厘米长的小条；蒜瓣去皮，洗净，剁成蒜蓉。

2 青椒、红椒分别去蒂、去籽，洗净，切成小条；把茄子条放入烧热的油锅内煎炸至近熟，取出、沥油。

3 锅留少许底油烧热，下入甜面酱、蒜蓉煸炒出香味，加入料酒、精盐、白糖和茄子条，用中火烧至熟香入味，加上青椒条、红椒条，淋上香油，出锅装盘即成。

口味
鲜咸

✕烧汁茄夹✕

原料

茄子300克/牛肉末100克/鸡蛋清1个/精盐、味精、鸡精、香油各1小匙/烧汁、酱油各1大匙/淀粉2大匙/水淀粉、姜汁各适量/植物油750克（约耗80克）

制作

1 茄子去蒂，洗净，切成夹刀片；牛肉末放容器内，加入鸡蛋清、精盐、味精、鸡精、淀粉搅拌均匀成馅料。

2 分别取少许牛肉馅料，酿入茄夹中，再粘匀淀粉，放入烧至五成热的油锅中炸至熟，捞出、沥油。

3 另起锅，加入适量底油烧热，放入烧汁、酱油、精盐、味精、鸡精及适量清水烧沸，加入茄夹，小火烧至入味，用水淀粉勾芡，淋入香油，出锅装盘即可。

口味
甜香

爽口冬瓜条

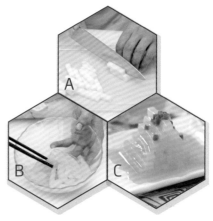

原 料

冬瓜1块（约350克）/精盐少许/橙汁2大匙/白糖
3大匙/蜂蜜1大匙

制 作

1 将冬瓜削去外皮，去掉白色的冬瓜瓤，用清水洗净，擦净水分，切成8厘米长、2厘米见方的条状。

2 净锅置火上，加上适量的清水烧煮至沸，放入冬瓜条汆烫至断生，捞出冬瓜条，放入冷沸水中漂凉。

3 把橙汁、精盐、白糖和蜂蜜放在容器内搅拌均匀成味汁，放入冬瓜条腌泡至上色并且入味，食用时取出，码放在盘内，再淋上少许味汁即成。

苦瓜酿肉

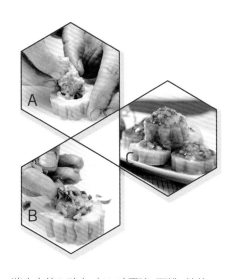

A
B

原 料

鲜苦瓜500克／猪肉末150克／海米、香菇各25克／鸡蛋清1个／精盐、胡椒粉、香油、味精各1小匙／酱油、淀粉各4小匙／植物油适量

制 作

1 苦瓜去蒂，洗净，切成段，挖去瓜瓤，放入冷水锅中煮熟，捞出、过凉、沥水；海米泡发，切成末；香菇去蒂，洗净，切成米粒状。

2 猪肉末放入碗中，加入鸡蛋清、面粉、精盐、少许淀粉搅匀成馅料，酿入苦瓜段中，撒上海米末、香菇粒，两头粘匀淀粉、封口。

3 苦瓜段放入热油锅内炸上颜色，捞出、沥油，放入盘中，淋入酱油，上笼蒸熟，取出；锅置火上，滗入蒸苦瓜汤汁烧沸，加入味精、胡椒粉，用水淀粉勾芡，淋入香油，浇在苦瓜段上即可。

口味
鲜咸

⟨沙茶茄子煲⟩

口味
沙茶

原料

长茄子300克 / 牛肉末150克 / 鲜香菇100克 / 洋葱
50克 / 青椒、红椒各30克 / 沙茶酱、蚝油、料酒、
酱油、水淀粉、味精、植物油各适量

制作

1 长茄子去蒂（不用去皮），用清水洗净，沥净
水分，切成滚刀块；鲜香菇去蒂，洗净，切成
小块。

2 洋葱剥去外层老皮，用清水洗净，切成小
块；青椒、红椒分别去蒂、去籽，洗净，均切
成块。

3 净锅置火上，加入植物油烧至六成热，放入
洋葱块、茄子块、鲜香菇，用小火煸炒至七
分熟，出锅装盘。

4 牛肉末加入料酒、酱油、味精拌匀，放入烧至六成热的油锅中炒散，加入蚝油、沙茶酱、酱油、清
水烧沸，放入炒好的茄子块等，加上青椒块、红椒块炒匀，用水淀粉勾芡，装入煲中即成。

小窍门

　　茄子的营养丰富，是家庭经常用到的食材。制作时切好的
茄子遇热极易氧化，颜色会变黑而影响美观，因此在制作茄子
菜肴时，可把切成形的茄子立即放清水中浸泡保存，烹调时捞
出、控水，就可避免茄子变色。

瓜干荷兰豆

原料

荷兰豆200克 / 地瓜干150克 / 葡萄干20克 / 大葱
15克 / 精盐1小匙 / 味精1/2小匙 / 胡椒粉少许 /
高汤1200克 / 植物油适量

制作

1 将地瓜干放入清水中浸泡至回软，捞出，沥
净水分，切成小条；大葱去根和老叶，洗净，
切成葱花。

2 将荷兰豆择洗干净，切去两端，撕去表面的
豆筋，大的一切两半；葡萄干用清水洗净，
沥净水分。

3 锅中加入植物油烧热，下入葱花炝锅，加入高汤烧沸，放入地瓜干、葡萄干煮10分钟，加入荷兰豆
煮至熟透，放入精盐、胡椒粉、味精调好口味，出锅装碗即成。

口味
鲜咸

口味
鲜咸

白菜土豆汤

原料

土豆300克/白菜200克/猪瘦肉100克/胡萝卜75克/
香芹50克/精盐2小匙/味精、胡椒粉各1/2小匙/水
淀粉适量

制作

1 土豆削去外皮, 用清水浸泡片刻并洗净, 沥
净水分, 切成粗方条, 放入清水盆中浸泡;
猪瘦肉洗净, 切成大片。

2 白菜去掉菜根、去除老叶, 洗净, 切成大块;
胡萝卜去皮, 洗净, 切成小条; 香芹择洗干
净, 切成小段。

3 锅置火上, 加入适量清水, 放入猪肉片烧沸, 加入白菜块、土豆条、胡萝卜条、香芹段煮至熟, 用
水淀粉勾芡, 加入精盐、味精、胡椒粉调好口味, 出锅装碗即可。

口味
椒香

◄口蘑炝菜心►

原料

菜心250克／口蘑100克／胡萝卜50克／蒜末10克／精盐
2小匙／味精1/2小匙／花椒粉少许／花椒油2小匙／香
油1大匙

制作

1 将菜心去根，洗净，切成3厘米长的段；口蘑
洗净，切成小片；胡萝卜洗净，削去外皮，先
顺切成两半，再横切成半圆形的片。

2 净锅置火上烧热，加入清水、精盐烧沸，下
入口蘑片、胡萝卜片和菜心段焯约2分钟，捞
出、沥水。

3 将菜心段、口蘑片、胡萝卜片放入容器内，加入蒜末、味精、精盐、花椒粉拌匀，淋入烧热的花椒
油和香油调匀，装盘上桌即可。

香芹烧木耳

口味
鲜咸

原 料

香芹50克／木耳25克／大葱10克／精盐、味精各少许／酱油1大匙／米醋2小匙／清汤100克／香油1小匙／水淀粉、植物油各适量

制 作

1 木耳用温水浸泡至涨发，去掉菌蒂，换清水漂洗干净，撕成小块，放入沸水锅内焯烫一下，捞出、沥水。

2 香芹去掉菜根，用淡盐水浸泡并洗净，取出，沥净水分，切成小段；大葱去根和老叶，洗净，也切成小段。

3 净锅置火上，加上植物油烧至六成热，下入葱段、香芹段炒香，加入木耳块、精盐、酱油、米醋、味精和清汤烧沸，用中火烧几分钟至入味，用水淀粉勾芡，淋上香油，出锅装盘即成。

⟨芦笋烧竹荪⟩

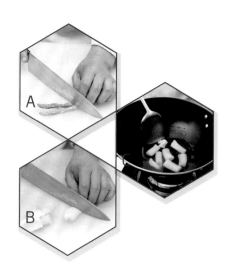

A

B

原 料

芦笋300克 / 竹荪15克 / 精盐、蚝油各1小匙 / 味精1/2小匙 / 香油少许 / 水淀粉、植物油各1大匙 / 鸡汤100克

制 作

1 芦笋切去根，刮净老皮，洗净，切成长段，放入加有少许精盐、味精的沸水锅中焯烫至熟，捞出、沥干。

2 竹荪用温水浸泡至发涨，换清水洗净，沥水，切成4厘米长的段，放入沸水锅中焯透，捞出、沥干。

3 锅置火上，加入植物油烧热，放入芦笋段略炒，加入鸡汤、精盐、蚝油、味精烧沸，放入竹荪段，用小火烧至入味，用水淀粉勾薄芡，淋入香油，出锅装盘即可。

口味
鲜咸

口味
鲜咸

卤香猴头菇

原料

猴头菇100克／大葱10克／姜片8克／桂皮3克／八角
2克／味精、香油各2小匙／白糖1小匙／酱油1大匙／
老汤500克／植物油3大匙

制作

1 猴头菇放入温水中浸泡、涨发，切去老根，冲洗干净，挤干水分，每个切成4半；大葱洗净，切成小段。

2 净锅置火上，加入植物油烧至五成热，下入葱段、姜片炝锅出香味，加入老汤、桂皮、八角煮沸。

3 加上味精、酱油、白糖，再沸后用小火熬煮成卤汁，放入猴头菇卤至熟香入味，捞出、装盘；把锅内汤汁过滤，用旺火收浓汤汁，淋入香油，浇在猴头菇上即可。

紫菜蔬菜卷

口味
鲜咸

原料

菠菜150克 / 胡萝卜50克 / 绿豆芽100克 / 紫菜2张 / 鸡蛋3个 / 精盐、芥末、香油、白糖、酱油各1小匙 / 芝麻酱2大匙 / 白醋、水淀粉各1大匙

制作

1 菠菜去根,洗净,放入沸水锅中焯烫一下,捞出、过凉;胡萝卜去皮,洗净,切成细丝;绿豆芽去根、洗净。

2 净锅置火上,加入适量清水和少许精盐烧沸,分别放入胡萝卜丝、绿豆芽焯烫一下,捞出、过凉。

3 把芝麻酱放在小碗内,先加上酱油、白醋调拌均匀,再放上白糖、香油、芥末、精盐拌匀成味汁。

4 锅置火上烧热,倒入加有少许精盐的鸡蛋液摊成蛋皮后取出;紫菜放案板上,摆上蛋皮,放上菠菜、胡萝卜丝、绿豆芽卷成蔬菜卷,切开装盘,随味汁一同上桌蘸食。

小窍门

菠菜、胡萝卜、绿豆芽等富含多种维生素,紫菜、鸡蛋等富韩蛋白质、氨基酸、脂肪等等物质,一起搭配制作成紫菜蔬菜卷,成品不仅色泽美观、口感鲜咸,而且营养丰富,非常适宜老人、孩子等经常食用。

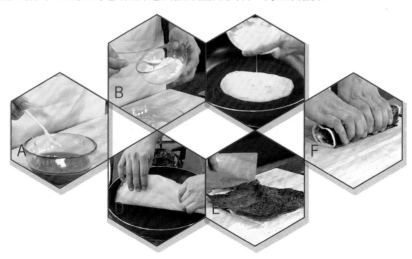

口味
鲜咸

草菇什锦汤

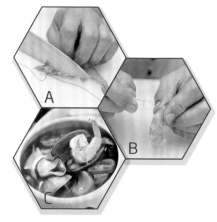

A

B

C

原料

草菇罐头1瓶／蛤蜊、墨鱼、鲜虾各75克／小番茄5个／葱段20克／精盐、鸡精、胡椒粉各1/2小匙／鱼露1小匙／料酒1大匙／高汤适量

制作

1 取出罐装草菇，换清水漂洗干净，沥净水分，切成片；小番茄洗净，切成片；鲜虾去虾须、虾头、虾壳，挑去虾线，洗净。

2 蛤蜊洗净，放入淡盐水中浸泡，使之吐净泥沙，洗净；墨鱼去头，切开后洗净，表面剞上交叉花刀，切成小片。

3 汤锅置火上，加入高汤烧沸，放入草菇片、鲜虾、墨鱼片、小番茄片、蛤蜊和葱段，加入精盐、料酒、鸡精、胡椒粉、鱼露，用旺火汆烫至熟嫩，出锅装碗即可。

第5天

禽蛋豆制品篇

Qindan Douzhipinpian

口味
鲜咸

特色香卤鸡

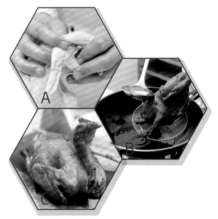

原 料

净仔鸡1只／净口蘑20克／生姜25克／酱油1大匙／精盐1小匙／五香料包1个(丁香、草果、白芷、砂仁、茴香各适量)／饴糖1大匙／卤水、植物油各适量

制 作

1 净仔鸡用清水漂洗干净, 沥净水分, 将两爪塞入鸡腹内, 再晾干水分; 饴糖放小碗内, 加上少许清水调匀成饴糖水。

2 净锅置火上, 加入植物油烧至七成热, 用饴糖水涂抹在仔鸡表面, 放入油锅内炸至呈金黄色, 捞出、沥油。

3 净锅复置火上, 加入卤水、五香料包、生姜、精盐、净口蘑、酱油烧沸, 撇去浮沫, 放入仔鸡, 转小火卤至酥烂, 离火浸卤10分钟至入味即可。

醉腌三黄鸡

原料

净三黄鸡1只（约1500克）/ 大葱25克 / 姜块155克 / 花椒5克 / 精盐2小匙 / 黄酒5大匙 / 白酒1大匙 / 鸡汤适量

制作

1 净三黄鸡洗净，去掉内脏和杂质，剁成两半，放入沸水锅内焯烫5分钟，捞出三黄鸡，用冷水过凉。

2 净锅置火上，加上清水，放入三黄鸡、大葱、姜块煮至沸，再加入少许黄酒，改用小火焖煮40分钟至熟，捞出三黄鸡。

3 取大碗，加入鸡汤、黄酒、精盐、花椒、白酒调制成醉汁，放入熟三黄鸡拌匀，腌浸24小时至入味，食用时取出，剁成大块，装盘上桌即成。

口味
鲜咸

119

‹清蒸鸡肉丸›

口味
鲜咸

原 料

鸡胸肉400克／净虫草花25克／鸡蛋1个／姜末10克／精盐2小匙／料酒1大匙／鸡汤3大匙／水淀粉少许／味精、香油各少许

制 作

1 鸡胸肉去掉筋膜，用刀背剁成鸡蓉，放在容器内，加上鸡蛋、姜末、精盐、香油调拌均匀，制作成鸡蓉馅料。

2 把鸡蓉馅料团成直径4厘米大小的丸子，码放在盘内，上屉旺火蒸约10分钟至熟香，取出、滗去汤汁。

3 净锅置火上烧热，加入鸡汤、净虫草花、精盐、料酒、味精煮沸，用水淀粉勾薄芡，淋上少许香油，出锅浇在鸡丸上即成。

口味
鲜咸

芙蓉菜胆鸡

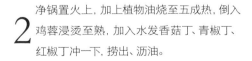

原 料

鸡肉片200克 / 鸡蛋清4个 / 水发香菇丁、青椒丁、红椒丁各少许 / 大葱、姜块各25克 / 精盐、水淀粉、牛奶、料酒、味精、胡椒粉、植物油各适量

制 作

1 大葱、姜块拍碎, 加入清水浸泡后取葱姜水, 放入搅拌器内, 加上鸡蛋清、精盐、牛奶、料酒、鸡肉片搅打成鸡蓉。

2 净锅置火上, 加上植物油烧至五成热, 倒入鸡蓉浸烫至熟, 加入水发香菇丁、青椒丁、红椒丁冲一下, 捞出、沥油。

3 锅中留少许底油烧热, 放入清水、胡椒粉、精盐、味精、料酒烧沸。用水淀粉勾芡, 倒入滑好的鸡蓉、香菇丁、青椒丁和红椒丁翻炒均匀出锅装盘即成。

口味
鲜咸

‹荷叶粉蒸鸡›

原料

仔鸡1只 / 熟糯米粉200克 / 鲜荷叶1张 / 香葱丁、葱
花、姜片、香油、辣椒油各少许 / 花椒粉、白糖、味精
各1小匙 / 豆瓣100克 / 一品鲜酱油2小匙

制作

1 仔鸡烫去鸡毛，剁去鸡爪、鸡尖、鸡嗉子，去
掉鸡内脏，用清水漂洗干净，剁成小块，放
入沸水锅内焯烫一下，捞出、沥干。

2 把仔鸡块放容器内，加上熟糯米粉、豆瓣、
葱花、姜片、一品鲜酱油、胡椒粉、白糖、味
精、香油调拌均匀。

3 鲜荷叶洗净，用沸水烫一下，捞出、沥干，放入蒸笼中垫底，再放入拌匀的鸡块，置于蒸锅中，用
旺火蒸约1.5小时，取出，撒上香葱丁，淋入烧热的辣椒油，即可上桌食用。

122

龙井鸡片汤

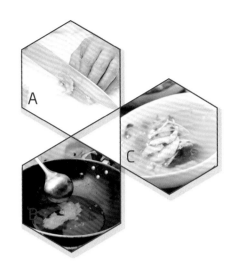

原料

鸡胸肉150克／龙井茶叶15克／净豌豆苗10克／鸡蛋清1个／精盐2小匙／味精少许／胡椒粉、淀粉各1小匙／料酒1大匙／鸡汤750克／水淀粉适量

制作

1 鸡胸肉去掉筋膜，擦净水分，切成薄片，加入料酒、精盐、鸡蛋清和淀粉拌匀，放入沸水锅中焯烫至熟，捞出、沥水。

2 龙井茶叶放入茶杯中，先加入少许沸水浸泡一下，滗去水分，再加入适量沸水浸泡3分钟，滤去茶叶留龙井茶水。

3 净锅置火上，加入鸡汤、龙井茶水、精盐、味精、胡椒粉烧沸，用水淀粉勾薄芡，放入净豌豆苗、熟鸡肉片推匀，出锅装碗即成。

口味
茶香

橙香鸡卷

口味 **橙香**

原 料

鸡胸肉300克 / 香蕉150克 / 鸡蛋2个 / 精盐1小匙 / 胡椒粉1/2小匙 / 白葡萄酒、淀粉、橙汁、植物油、面包糠各适量

制 作

1 鸡胸肉去除筋膜,片成大小均匀的薄片,放入大碗内,磕入1个鸡蛋,加入白葡萄酒、精盐、胡椒粉拌匀。

2 香蕉去皮,取香蕉果肉,切成长条;取1个小碗,磕入1个鸡蛋,加上淀粉和少许精盐调匀成淀粉糊。

3 每张鸡肉片中间放上一个香蕉条,轻轻卷起成鸡肉香蕉条,裹匀一层淀粉糊,沾上面包糠成鸡卷生坯。

4 净锅置火上,加入植物油烧至七成热,放入鸡卷生坯炸呈金黄色至熟透,捞出,沥油、码放在盘内,淋上橙汁和少许白葡萄酒即成。

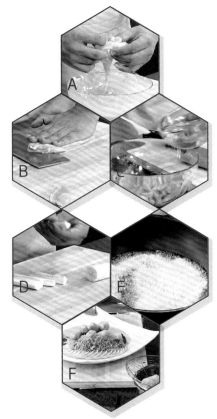

小窍门

从烹饪的角度看,鸡胸肉肉质鲜嫩,味道香美,无论单独炒、蒸、炸、烩、烧等都别有风味,令人馋涎欲滴;与蔬菜、菌藻等相配,都可使这些菜鸡味飘香,大为增色,此外鸡胸肉也是制作鸡蓉的上好原料。

鸡汤烩菜青

A

原 料

鸡胸肉100克/胡萝卜、油菜心各50克/粉丝
20克/草菇2朵/精盐1大匙/味精1小匙/胡
椒粉1/2小匙/鸡汤1000克/水淀粉适量

制 作

1 鸡胸肉去掉筋膜，洗净血污，擦净表面水分，切成5厘米长的细丝；粉丝用温水泡软，沥净水分，切成小段。

2 胡萝卜去根，削去外皮，洗净、沥水，切成圆片；油菜心洗净，切成两半；草菇择洗干净，切成小片。

3 锅置火上，加入鸡汤烧沸，放入鸡肉丝、粉丝段、胡萝卜片、油菜心、草菇片煮沸，加入精盐、胡椒粉和味精，小火烩约10分钟，用水淀粉勾芡，出锅盛入汤碗中即可。

口味
鲜咸

口味
鲜咸

白果腐竹炖乌鸡

原 料

净乌鸡1只(约1000克)/水发腐竹150克/白果100克/
葱段20克/姜片5克/精盐、鸡精各1大匙/味精、料
酒各4小匙/胡椒粉2小匙

制 作

1 净乌鸡剁成骨牌块,放入清水锅中煮8分
钟,捞出、洗净;白果去壳、去心;水发腐竹
切成3厘米长的段,挤干水分。

2 净锅置火上,加入适量清水,放入乌鸡块、
白果、水发腐竹段烧沸,加入精盐、味精、
鸡精和胡椒粉调匀。

3 把乌鸡块等倒入炖盅内,加上葱段、姜片和料酒,用双层牛皮纸封口,上笼用中火隔水炖约2小
时至乌鸡块软烂、清香,取出,揭纸上桌即可。

口味
鲜咸

黄油灌鸡肉汤丸

原 料

鸡肉馅150克／面包糠100克／洋葱末50克／鸡蛋
2个／精盐1小匙／味精、黑胡椒粉各1/2小匙／面
粉2大匙／白兰地酒2小匙／黄油1小块（切小丁）

制 作

1 50克鸡肉馅放入粉碎机中，加入1个鸡蛋、黑
胡椒粉、白兰地酒、洋葱末搅打成蓉，放入剩
余鸡肉馅、精盐、味精搅打上劲成馅料。

2 把鸡肉馅挤成大小均匀的小丸子，中间放入
一个黄油丁，裹匀面粉，拖上一层鸡蛋液，
滚粘上面包糠成黄油灌鸡肉生坯。

3 净锅置火上，加上植物油烧至六成热，下入黄油灌鸡肉生坯炸至金黄、熟嫩时，捞出、沥油，装盘
上桌即可。

米椒爆鸡翅

口味
鲜辣

原 料

鸡翅500克 / 小米椒100克 / 精盐1小匙 / 酱油1大匙 / 料酒4小匙 / 花椒粉少许 / 米醋2小匙 / 鸡汤3大匙 / 辣椒油、植物油各适量

制 作

1 鸡翅去净绒毛，洗净、沥水，剁成大小均匀的块，加上酱油、料酒、花椒粉和淀粉拌匀，腌渍30分钟；小米椒洗净，切成小粒。

2 净锅置火上，加上植物油烧至六成热，下入腌渍好的鸡翅块冲炸3分钟，待鸡翅块上色、熟香时，捞出、沥油。

3 原锅留少许底油，复置火上烧热，下入小米椒炒香出味，加上精盐、料酒、米醋和鸡汤烧沸，放入鸡翅块，用旺火快速翻炒均匀，淋上辣椒油，出锅装盘即成。

醪糟腐乳翅

A
B
C

原料

鸡翅中500克 / 水发香菇、冬笋各25克 / 葱段、姜片各10克 / 精盐、味精各少许 / 醪糟2大匙 / 白糖、酱油、料酒、红腐乳、植物油各适量

制作

1 鸡翅中洗净杂质，加入葱段、姜片、精盐、酱油、料酒、味精拌匀；冬笋洗净，切成小块；水发香菇去蒂，表面剞上花刀。

2 净锅置火上，加入植物油烧至六成热，放入鸡翅冲炸至上色，捞出、沥油；再把冬笋块放入油锅内冲炸一下，取出。

3 锅中留少许底油烧热，加入腌鸡翅的葱段、姜片炝锅，加入料酒、醪糟、红腐乳、酱油、白糖、清水煮沸，放入鸡翅、冬笋、香菇调匀，用小火烧至入味，出锅装盘即可。

口味
醪糟

口味
鲜咸

牛肉鸭蛋汤

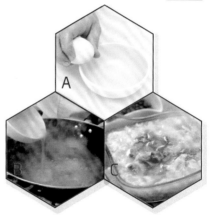

原料

鸭蛋2个（约300克）/牛肉100克/精盐1小匙/料酒1大匙/胡椒粉1/2小匙/水淀粉1大匙/味精少许/香油适量

制作

1 把鸭蛋磕入大碗中，加上少许精盐，用筷子打散成鸭蛋液；牛肉剔去筋膜，用清水洗净，切成小粒。

2 净锅置火上，加入适量清水烧热，放入牛肉粒烧沸，撇去表面浮沫，再转小火煮至牛肉粒熟嫩。

3 加入精盐、味精、胡椒粉调好口味，继续用小火煮至入味，淋入鸭蛋液和水淀粉并烧沸，加入料酒调匀，淋上香油，出锅装碗即可。

红枣花雕鸭

口味
酒香

原料

仔鸭1只(约1500克)/红枣35克/大葱25克/姜块10克/精盐2小匙/冰糖20克/老抽适量/花雕酒2大匙/植物油少许

制作

1 红枣用温水浸泡片刻,取出、冲净,去掉枣核;大葱择洗干净,切成小段;姜块去皮,洗净,切成小片。

2 把仔鸭洗涤整理干净,剁成大小均匀的块,放入清水锅中烧沸,焯烫约5分钟,捞出鸭块,沥净水分。

3 净锅置火上,加上植物油烧至七成热,下入仔鸭块,中火煸炒干水分,放入葱段、姜片炒出香味。

4 加入花雕酒、老抽、冰糖及泡红枣的清水煮沸,改用小火炖至仔鸭块熟烂,放入红枣,加入精盐调味,出锅装盘即可。

小窍门

活鸭宰杀后由于绒毛较密,且毛中含有油脂,不易于拔除。可先用冷水将鸭毛浸湿,然后在热水里加上少许精盐,再用热水浸烫鸭毛,就可以容易拔除。但需要注意的是烫鸭子的热水不要烧沸,烧到水面起小泡就可以了。

口味
鲜咸

巧拌鸭胗

原 料

鸭胗300克 / 香椿芽80克 / 杏仁60克 / 红椒40克 / 葱段、姜片各10克 / 葱丝5克 / 精盐、米醋各4小匙 / 味精1小匙 / 料酒2小匙 / 橄榄油1大匙

制 作

1 把鸭胗洗净,放入大碗中,加入葱段、姜片、料酒、精盐及清水,入锅煲15分钟至熟,取出鸭胗,切成薄片。

2 红椒去蒂及籽,洗净,切成细丝;香椿芽择洗干净,切成小段;杏仁剥去外皮,洗净,放入沸水锅内焯烫一下,捞出、沥水。

3 把熟鸭胗片放入容器中,加入葱丝、香椿段、红椒丝、杏仁拌匀,再加入橄榄油、米醋、精盐、味精调拌均匀,装盘上桌即可。

明珠扒菜心

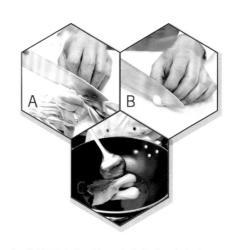

原料

油菜心300克/鹌鹑蛋20个/小番茄5个/大葱、
姜块各15克/精盐、味精、料酒、水淀粉、清汤、
熟猪油各适量

制 作

1 油菜心洗净,切成两半,放入沸水锅中焯烫
至熟,捞出、冲凉,沥去水分;大葱去根,洗
净,切成小段;姜块去皮,洗净,切成片。

2 把鹌鹑蛋洗净,放入清水锅中,中火煮至
熟,捞出、过凉,剥去外壳;小番茄去蒂,洗
净,切成小瓣。

3 锅中加上植物油烧热,下入姜片、葱段爆香,加入清汤稍煮,放入鹌鹑蛋略煮,捞出、摆盘;油菜
心放入锅内,加入调料扒至入味,捞出、摆盘;锅内汤汁勾薄芡,浇入盘中,摆上小番茄瓣即成。

口味
鲜咸

腐皮鸭肉卷

口味
鲜咸

原料

鸭胸肉200克 / 油豆腐皮150克 / 韭菜100克 / 精盐1小匙 / 酱油2小匙 / 料酒1大匙 / 五香粉、香油各少许 / 植物油适量

制作

1 鸭胸肉洗净，放入沸水锅内煮至熟，捞出、过凉，切成细丝；韭菜去根和老叶，洗净、沥水，切成小段。

2 鸭肉丝放在容器内，加上韭菜段、精盐、酱油、料酒、五香粉和香油拌匀成馅料，用油豆腐皮包裹成鸭肉卷生坯。

3 净锅置火上，加上植物油烧至六成热，下入鸭肉卷生坯炸上颜色，捞出；待锅内油温升至八成热时，再放入鸭肉卷炸至金黄、熟香，捞出、沥油，切成小段，装盘上桌即成。

口味
鲜咸

椿芽煎蛋饼

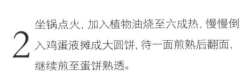

A

B

C

原料

鸡蛋6个(约400克)／香椿芽100克／精盐1小匙／味精、胡椒粉各1/2小匙／水淀粉1大匙／清汤100克／植物油适量

制作

1 将香椿芽择洗干净,切成小段,加入精盐、味精、胡椒粉、水淀粉拌匀,磕入鸡蛋,充分搅拌均匀成鸡蛋液。

2 坐锅点火,加入植物油烧至六成热,慢慢倒入鸡蛋液摊成大圆饼,待一面煎熟后翻面,继续煎至蛋饼熟透。

3 添入清汤,盖上锅盖,用中小火煎烧约2分钟至汤汁进入蛋饼中,离火、出锅,把蛋饼切成菱形小块,装盘上桌即成。

口味
鲜咸

锦绣蒸蛋

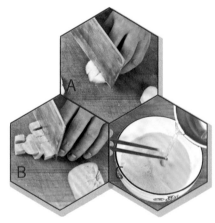

原 料

鸡蛋4个/鲜虾仁、带子、火腿各20克/青椒丁、红椒丁各15克/葱末、姜末各5克/精盐、味精、鸡精、白糖、胡椒粉、水淀粉、香油、植物油各适量

制 作

1　鲜虾仁去除沙线,洗净,沥去水分;带子洗净,切成小丁;火腿刷洗干净,切成丁;白糖、精盐、味精、鸡精、胡椒粉调匀成味汁。

2　鸡蛋打入碗中搅散,加入清水调匀成鸡蛋液,倒入深盘中,用保鲜膜封好,放入蒸锅内蒸5分钟,开盖后续蒸2分钟,取出。

3　锅置火上,加入植物油烧至热,下入葱末、姜末炝锅,放入虾仁、带子丁、火腿丁、青椒丁、红椒丁炒匀,倒入味汁煮沸,用水淀粉勾芡,淋入香油,均匀地浇在蒸好的鸡蛋糕上即可。

香熏鸽蛋

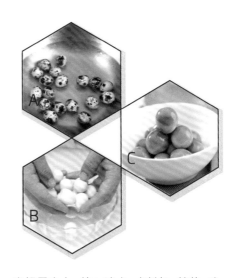

原料

鸽蛋400克／大米100克／茶叶10克／精盐1大匙／
味精、香油各1小匙／白糖3大匙／鲜姜、八角、肉
蔻、砂仁、白芷、桂皮、丁香、小茴香各少许

制作

1 把鸽蛋放入清水锅内煮至熟, 捞出、过凉,
剥去外壳; 鲜姜、八角、肉蔻、砂仁、白芷、
桂皮、丁香、小茴香用纱布包裹成调料包。

2 净锅置火上, 放入清水、卤料包、精盐、味
精、少许白糖烧沸, 加入鸽蛋, 小火卤约5分
钟, 关火后浸泡10分钟, 捞出、沥干。

3 熏锅置火上烧热, 撒入浸湿的大米和茶叶, 加上白糖, 摆上篦子, 放上卤好的鸽蛋, 盖上熏锅
盖, 熏约2分钟, 取出, 刷上香油, 装盘上桌即可。

口味
鲜咸

139

百叶结虎皮蛋

口味
鲜咸

原 料

鹌鹑蛋400克／百叶结150克／腊肉100克／青椒、
红椒各25克／蒜瓣10克／精盐、白糖、胡椒粉、酱
油、水淀粉、香油、植物油各适量

制 作

1 鹌鹑蛋放入冷水锅内，加热煮至熟，捞出鹌
鹑蛋，剥去外皮，加上少许精盐、酱油拌匀，
放入油锅内煎炸至琥珀色，取出。

2 腊肉洗净，擦净水分，切成小丁；青椒、红椒
去蒂、去籽，洗净，切成小条（或椒圈）；蒜
瓣去皮，洗净、沥水。

3 净锅置火上，加上植物油烧至六成热，加入
蒜瓣煎至上色，放入腊肉丁煎炒出油，放入
鹌鹑蛋、百叶结炒匀。

4 倒入适量清水，放入酱油、精盐、白糖和胡椒粉烧煮至沸，盖上锅盖，转小火焖5分钟，放入青椒
条、红椒条炒匀，用水淀粉勾芡，淋上香油，出锅装盘即成。

小窍门

煮鹌鹑蛋时要注意需要冷水下锅，然后慢慢升温，水沸后
煮2分钟左右停火，把鹌鹑蛋放热水中浸泡几分钟，取出，用冷
水过凉即可，这样可防止鹌鹑蛋壳破裂，而且也可使蛋壳易于
剥掉。

海鲜扒豆腐

原料

豆腐1块 / 鲜鱿鱼100克 / 水发海参、虾仁各50克 / 小油菜少许 / 葱段、姜片各5克 / 精盐、鸡精、白糖、蚝油各1小匙 / 植物油、高汤各适量

制作

1 豆腐洗净,切成片,放入热油锅中炸至金黄色,捞出、沥油,放入盘中;鲜鱿鱼、海参洗净,均切成片。

2 净锅置火上,加入适量的清水烧沸,分别放入鲜鱿鱼片、海参片、小油菜(洗净)焯烫一下,捞出、沥水。

3 锅中加上植物油烧热,下入葱段、姜片炒香,加入蚝油、高汤、豆腐片、虾仁、鱿鱼、海参,摆上小油菜,加入调料扒烧至入味,用水淀粉勾芡,出锅装碗即可。

口味
鲜咸

口味
鲜咸

白菜豆泡汤

A B C

原 料

豆腐泡200克／大白菜150克／精盐1小匙／鸡精2小匙／味精1/2小匙／清汤1500克／大酱4小匙／植物油、香油各少许

制 作

1 将白菜去掉菜根，洗净，切成3厘米长的段，宽的菜叶从中间切开，放入烧热的油锅内煸炒1分钟，取出。

2 豆腐泡用热水洗净，切成厚片，放入沸水锅内焯烫一下，捞出、沥净；大酱放入小碗中，加入少许清汤调稀。

3 锅中加入清汤烧沸，放入白菜段、豆泡片煮至熟香，加入调好的大酱，放入精盐煮2分钟至入味，加入鸡精、味精调匀，淋上香油，出锅盛入汤碗中即可。

口味
鲜咸

⟨芥菜扒素鸡⟩

原料

素鸡300克／芥菜心250克／姜片、蒜蓉各10克／精盐、白糖、胡椒粉、水淀粉、蚝油、香油、上汤、植物油各适量

制作

1 素鸡切成0.6厘米厚的圆片；芥菜心去根和老叶，放入清水中浸泡并洗净，沥净水分，切成10厘米长的小段。

2 净锅置火上，加入适量清水、精盐、植物油和姜片烧沸，放入芥菜心快速焯烫至熟，捞出、沥干，码放入盘内垫底。

3 锅置火上，加入植物油烧热，下入蒜蓉炝锅，放入素鸡片煎上色，加入上汤、精盐、白糖、蚝油、胡椒粉烧沸，转小火扒烧至入味，用水淀粉勾薄芡，淋入香油，出锅放在芥菜心上即成。

豆皮鲜虾

口味
鲜咸

原 料

豆腐皮200克／鲜虾150克／韭菜75克／鸡蛋清1个／葱花、姜末各5克／精盐2小匙／料酒1大匙／淀粉2小匙／味精、鸡精、香油各少许／植物油适量

制 作

1 把豆腐皮切成小条，放入沸水锅内，加上少许精盐焯烫一下，捞出，用冷水过凉，沥水；韭菜去根和老叶，洗净，切成小段。

2 鲜虾剥去外壳，去掉虾线，取净虾仁，加上鸡蛋清、精盐、淀粉拌匀、上浆，放入烧至四成热油锅内滑散至熟，捞出、沥油。

3 原锅留少许底油烧热，加入葱花、姜末炝锅，烹入料酒，加上韭菜段、虾仁和豆腐条翻炒片刻，放入精盐、料酒、味精、鸡精调好口味，淋上香油，出锅装盘即成。

腐竹炝嫩芹

原料

水发腐竹200克／芹菜150克／蒜末10克／精盐1小匙／米醋2小匙／味精1/2小匙／香油2小匙／花椒油1大匙

制作

1 芹菜择洗干净, 沥去水分, 切成3厘米长的段; 水发腐竹挤干水分, 先从中间对剖成两半, 再横切成3厘米长的段。

2 净锅置火上, 加入适量的清水和少许精盐烧沸,下入芹菜段焯烫2分钟至熟透, 捞出芹菜段, 沥净水分。

3 将腐竹段、芹菜段放入容器内拌匀, 晾凉后加入蒜末、米醋、味精、精盐拌匀, 淋入烧至九成热的香油、花椒油炝拌出香味, 装盘上桌即可。

口味
椒油

口味
鲜咸

香干西芹

原料

香干200克／西芹100克／胡萝卜50克／精盐2小匙／
味精、鸡精各1/2小匙／白酱油、香油各1小匙／植物
油1大匙

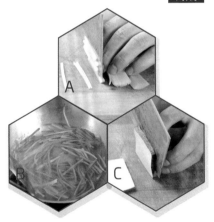

制作

1 西芹去根、老筋，洗净，切成5厘米长的粗
丝；胡萝卜洗净，切成丝，放入沸水锅内，加
上西芹丝焯至断生，捞出、冲凉、沥水。

2 香干切成丝，放入沸水锅中焯烫一下，捞
出、沥干，加入少许白酱油、精盐和香油拌
匀，放入热油锅内煸炒片刻，出锅、晾凉。

3 碗中加入少许白酱油、香油、精盐、味精、鸡精拌匀成咸鲜味汁；将西芹丝、香干丝和胡萝卜丝一
同放入容器中，加入味汁拌匀，放入冰箱内冷藏保鲜，食用时取出，装盘上桌即可。

烟熏素鹅

口味
熏香

原 料

油豆皮200克／水发香菇、冬笋、胡萝卜、水发木耳各50克／锅巴、茶叶各少许／白糖、精盐、胡椒粉、酱油、料酒、水淀粉、香油、植物油各适量

制 作

1 水发香菇去蒂，洗净，切成细丝；冬笋去根，削去外皮，切成细丝；胡萝卜去根、外皮，切成丝；水发木耳去蒂，也切成细丝。

2 把香菇丝、冬笋丝、胡萝卜丝和木耳丝放入热油锅内炒匀，加入料酒、酱油、精盐调匀，用水淀粉勾芡，倒入容器中晾凉成馅料。

3 取一容器，加入油豆皮、酱油、白糖和清水搅匀，捞出豆皮，中间放上馅料，卷成卷，按实成素鹅生坯。

小窍门

油豆皮是大豆磨浆烧煮后，凝结干制而成的豆制品，是从锅中挑皮、抻直，将皮从中间粘起，成双层半圆形，经过烘干而成。成品皮薄透明、半圆而不破，黄色有光泽，柔软不粘，表面光滑、色泽乳白微黄光亮，风味独特。

4 把锅巴、茶叶、白糖、胡椒粉放入熏锅内，架上铁箅子，摆上素鹅生坯，盖上锅盖，置火上熏2分钟，取出，表面抹上香油，切成条即可。

口味
鲜咸

酸菜皮蛋汤

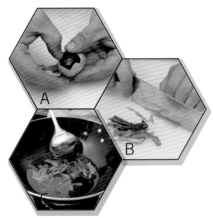

原 料

松花蛋（皮蛋）4个／酸菜150克／味精1小匙／胡椒粉
1/2小匙／淀粉3大匙／鲜汤750克／植物油500克（约
耗150克）

制 作

1 将松花蛋剥去外壳，取松花蛋，洗净，切成
小瓣，裹上一层淀粉；酸菜去根，洗净，切成
0.3厘米粗的丝。

2 净锅置火上烧热，加入适量鲜汤烧煮至沸，
下入酸菜丝、胡椒粉氽烫约2分钟，捞出酸
菜丝，倒入汤锅中。

3 另起锅，加入植物油烧至七成热，下入松花蛋瓣略炸，捞出、沥油，放入煮酸菜丝的汤锅中，小火
煮至入味，调入味精，出锅倒入酸菜碗中，上桌即成。

第6天

美味水产篇

Meiwei Shuichanpian

口味
熏香

五香熏马哈

原料

马哈鱼中段750克／大葱、姜块各50克／腌料(精盐、味精各1小匙)／五香粉、玫瑰露酒各2大匙／蚝油、酱油各1大匙／白糖2小匙／茶叶、香油各少许

制作

1 将大葱择洗干净,切成细末;姜块去皮,洗净,切成细末;取小碗,加入葱末、姜末及腌料拌匀成腌料味汁。

2 马哈鱼刮洗干净,片成两半,放入清水中浸泡去异味,取出、沥水,放入腌料汁中腌渍30分钟;烤盘刷上香油,放上马哈鱼肉。

3 把烤盘放入烤箱内,用中温烤15分钟至熟,取出鱼肉,放在熏帘上;锅中撒上白糖、茶叶,放上熏帘,盖严盖后熏2分钟,取出鱼块,趁热刷上香油,晾凉后切成条形块,码盘上桌即成。

‹干煎黄花鱼›

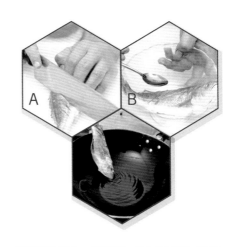

原料

黄花鱼1条 / 鸡蛋1个 / 香菜段少许 / 葱花、姜丝各5克 / 精盐、味精、白醋各1/2小匙 / 白糖、胡椒粉、面粉各少许 / 料酒1大匙 / 植物油适量

制作

1 黄花鱼去掉鱼鳞、鱼鳃，用筷子搅出黄花鱼内脏，洗净，表面剞上兰草花刀，加入精盐、味精、胡椒粉、料酒拌匀、腌渍。

2 把黄花鱼粘匀一层面粉，挂匀鸡蛋液，然后放入热油锅中煎至两面呈金黄色时，捞出、沥油。

3 锅内留底油烧热，下入葱花、姜末爆香，加入精盐、白醋、白糖、胡椒粉、料酒、味精和少许清水烧沸，放入黄花鱼煎焖至收汁，撒上香菜段，出锅装盘即可。

口味 鲜咸

153

炭烤鲈鱼

口味
鲜咸

原料

鲈鱼1条（约500克）/精盐1小匙 / 姜汁2小匙/料酒1大匙/胡椒粉、孜然粉各1/2小匙 / 白糖、味精各少许/植物油适量

制作

1 把鲈鱼去掉鱼鳞、鱼鳃，从脊背处切开，去掉鲈鱼内脏和杂质，表面剞上一字花刀，洗净血污，擦净水分。

2 精盐、姜汁、料酒、胡椒粉、白糖、孜然粉、味精放小碗内调拌均匀成味汁，涂抹在鲈鱼上（两面都要涂匀），腌渍30分钟。

3 把腌渍好的鲈鱼放在炭火上，边烤边刷上植物油，待把鲈鱼烤至色泽金黄、熟香时离火，然后码放在盘内，上桌即成。

口味
酱香

◢酱香鳜鱼◣

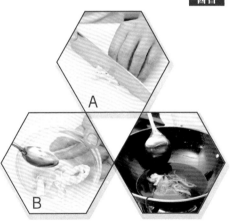

A

B

原 料

净鳜鱼1条(约750克) / 豆瓣酱、海鲜酱、剁椒、姜末、葱花、甜面酱、姜葱汁、料酒、芝麻酱、白糖、精盐、味精、鸡汤各适量 / 植物油1500克(约耗50克)

制 作

1 净鳜鱼洗净, 表面剞上十字花刀, 加上姜葱汁、料酒、精盐拌匀, 腌渍至入味, 放入烧至七成热的油锅内炸上颜色, 捞出、沥油。

2 净锅复置火上, 加上少许植物油烧热, 放入姜末、剁椒炸香, 再加入豆瓣酱、甜面酱、芝麻酱煸炒出香味。

3 烹入料酒, 加入鸡汤熬煮成酱汁, 放入鳜鱼, 加入精盐、白糖, 改用中火酱约15分钟至鳜鱼熟香, 取出鳜鱼, 码放在盘内, 撒上葱花, 淋上少许酱汁即成。

口味
糖醋

糖醋瓦块鱼

原料

鲳鱼300克／冬笋丁、胡萝卜丁、香菇丁、豌豆粒各适量／葱花、姜末、蒜片、精盐、酱油、番茄酱、味精、白糖、料酒、白醋、水淀粉、植物油、花椒油各适量

制作

1 鲳鱼去鳞、内脏，切去头尾，洗净，切成"瓦块形"，加上精盐、味精、料酒和水淀粉拌匀，下入热油锅内炸至色泽金黄，捞出。

2 锅中留底油烧热，用葱花、姜末、蒜片炝锅，烹入料酒、白醋，下入番茄酱、冬笋丁、胡萝卜丁、香菇丁煸炒片刻。

3 加入酱油、白糖、精盐调好口味，添上适量清水烧沸，用水淀粉勾芡，再下入炸好的瓦块鱼和豌豆粒翻熘均匀，淋入花椒油，出锅装盘即可。

豉汁盘龙鳝

原料

活白鳝鱼1条（约600克）/蒜蓉5克/姜末、辣椒
末、葱花、陈皮末、胡椒粉、白糖、淀粉、酱油、香
油各适量/豆豉汁1大匙/植物油2大匙

制作

1 将活白鳝鱼宰杀，洗涤整理干净，入锅焯烫
一下，捞出，换清水冲净，在鳝背上每隔2厘
米切一刀（不要切断）。

2 把白鳝鱼放入容器中，加入蒜蓉、姜末、辣
椒末、陈皮末、豆豉汁、精盐、味精、白糖、
香油、酱油、淀粉拌匀。

3 将白鳝鱼放入盘中盘成蛇形，倒入腌白鳝鱼的腌汁，淋入少许植物油，放入蒸锅中，用旺火蒸
约8分钟至熟，取出，撒上胡椒粉、葱花，浇上烧热的植物油即可。

口味
豉香

油渣蒜黄蒸鲈鱼

口味
鲜咸

原 料

鲈鱼1条 / 肥肉100克 / 蒜黄75克 / 鲜蚕豆50克 /
葱片、姜片各10克 / 精盐1大匙 / 料酒2小匙 / 胡椒
粉1小匙 / 味精、酱油、水淀粉、植物油各适量

制 作

1 鲈鱼洗涤整理干净，在鱼背部沿脊骨划两
刀，抹上精盐，腌渍至入味；蚕豆放入清水
中洗净，捞出、沥干。

2 肥肉洗净，沥净水分，切成1厘米大小的丁，
放入烧热的净锅内，加烧少许清水，用小火
炸出油脂，出锅装碗成油渣。

3 鲈鱼放入沸水锅内焯烫一下，捞出，放在盘
内，撒上胡椒粉、料酒、味精，放入蚕豆瓣、
油渣、葱片和姜片。

4 蒸锅中加入清水烧沸，放入装有鲈鱼的盘子，蒸约10分钟至熟，出锅；锅内放入油渣、蒜黄段、料
酒、酱油、精盐、胡椒粉、清水煮沸，用水淀粉勾芡，出锅浇在鲈鱼上即可。

小窍门

鲈鱼可分为海水鲈鱼和淡水鲈鱼，其中淡水鲈鱼在我国江
南水乡各地均有养殖和生产。鲈鱼是比较常见的经济鱼类之一，
主要产地为青岛、秦皇岛等地，其中松江鲈鱼与松花江鳜鱼、长
江鲥鱼、太湖银鱼并称我国"四大名鱼"。

煎蒸银鳕鱼

原料

冷冻银鳕鱼250克／小红尖椒碎25克／香菜段10克／大葱15克／姜丝10克／精盐、料酒、酱油、胡椒粉、白糖、味精、淀粉、植物油各适量

制作

1 银鳕鱼化冻，撒上淀粉；大葱洗净，切成细丝；精盐、酱油、料酒、胡椒粉、白糖、味精拌匀成味汁。

2 锅内加入植物油烧至六成热，加入银鳕鱼煎至金黄色，取出，放入蒸锅内，用旺火蒸5分钟，出锅。

3 趁热把调好的味汁浇淋在银鳕鱼块上；葱丝、姜丝、香菜、红尖椒拌匀，撒在银鳕鱼上，淋上烧热的植物油炝出香味，直接上桌即可。

口味
鲜咸

口味
鲜咸

五彩鱼皮

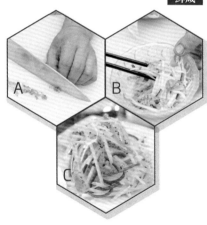

原 料

水发鱼皮200克 / 冬笋丝50克 / 红椒丝40克 / 绿豆芽、黄瓜各25克 / 精盐1小匙 / 味精1/2小匙 / 香油、花椒油各适量

制 作

1 将水发鱼皮洗净，淘洗干净，放入沸水锅中，快速焯烫一下，捞出水发鱼皮，晾凉，沥净水分，切成细丝。

2 冬笋丝、红椒丝、绿豆芽分别洗净，放入沸水锅内焯至断生，捞出；黄瓜洗净，切成丝，加入精盐浸渍，挤去水分。

3 盆中加入精盐、味精、香油、花椒油调匀成味汁，放入鱼皮丝、冬笋丝、红椒丝、绿豆芽、黄瓜丝拌匀，食用时装盘上桌即成。

口味
芥末

芥末北极贝

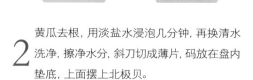

原料

北极贝300克 / 黄瓜100克 / 芥末膏2小匙 / 精盐1小匙 / 味精1/2小匙 / 香油2小匙 / 大红浙醋1大匙 / 花椒粉少许

制作

1 将北极贝放入清水中解冻至软，捞出、沥水，从侧面对剖成两半，去除内部杂质，再用淡盐水洗净，沥净水分。

2 黄瓜去根，用淡盐水浸泡几分钟，再换清水洗净，擦净水分，斜刀切成薄片，码放在盘内垫底，上面摆上北极贝。

3 将精盐、味精、芥末膏、香油、大红浙醋和花椒粉放入大碗内，充分调拌均匀成味汁，倒入装有北极贝和黄瓜片的盘中，食用时拌匀即可。

辣汁三文鱼

口味 鲜辣

原料

冰鲜三文鱼1块（约400克）/紫苏叶10克/冰块适量/芥末酱1小匙/辣酱油1大匙/生抽2小匙/米醋4小匙/白糖、香油各少许

制作

1 冰鲜三文鱼剔去鱼刺，片去三文鱼皮，取净三文鱼肉，片成0.3～0.5厘米厚的大片；紫苏叶洗净，沥净水分。

2 把冰块砸碎成碎冰，码放在深盘内垫底，上铺保鲜膜，放上紫苏叶，中间用三文鱼片卷成花型，入冰箱冷藏保鲜。

3 芥末酱放容器内，先加上少许白开水调匀，再加上生抽、辣酱油、米醋、白糖、香油调拌均匀成辣汁，配三文鱼蘸食即成。

◄泡菜三文鱼►

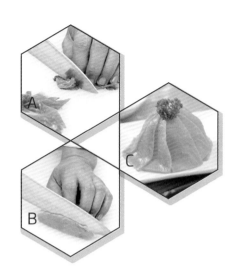

A

B

C

原 料

净三文鱼肉300克／四川泡菜50克／泡菜汁2大匙／精盐1/2小匙／香油1小匙／芥末膏15克／冰块500克

制 作

1　三文鱼放入清水中洗净，将肉沿着背脊部切下，片成厚薄均匀的大片；四川泡菜切成均匀的菱形块。

2　把冰块放入刨冰机中打成碎冰片，放入盘中堆成小山形，再将三文鱼片整齐地摆放入盘中。

3　碗中先放入芥末膏，加入精盐、泡菜汁搅散，再放入香油、泡菜块充分调匀成味汁，随三文鱼一起上桌，蘸食即可。

口味
酸辣

口味
鲜咸

┝香煎大虾┥

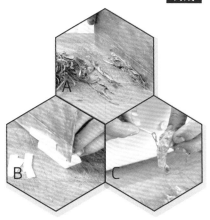

原料

大虾300克 / 菠菜100克 / 葱白段、姜片各少许 / 精盐
1/2小匙 / 味精、胡椒粉各1小匙 / 料酒2小匙 / 植物油
适量

制作

1 菠菜去根和茎, 取嫩菠菜叶洗净, 沥去水分, 切成细丝; 大虾剪去虾腿和虾须, 洗净, 沥水, 从背部开一刀, 去除沙线。

2 用洁布揩干大虾表面水分, 放入大碗中, 加入精盐、料酒、味精、胡椒粉调拌均匀, 腌渍15分钟。

3 锅内加入植物油烧至九成热, 下入菠菜丝炸酥, 捞出, 放在盘内垫底; 锅留底油烧热, 下入葱白段、姜片炒出香味, 捞出不用, 放入大虾煎3分钟至色泽金红, 捞出、沥油, 放在菠菜上即可。

江南盆盆虾

原 料

河虾300克 / 香菜25克 / 芝麻15克 / 小葱15克 / 味精少许 / 胡椒粉1小匙 / 酱油2大匙 / 蚝油2小匙 / 料酒1大匙 / 植物油适量

制 作

1 把河虾放入淡盐水中浸洗干净, 捞出, 换清水洗净, 沥净水分; 小葱去根和老叶, 洗净, 切成细末。

2 净锅置火上烧热, 放入芝麻小火煸炒至熟香, 出锅、晾凉; 香菜去根和老叶, 洗净, 切成细末。

3 净锅置火上, 加上植物油烧至六成热, 加入胡椒粉、料酒、酱油、味精、蚝油和清水煮沸, 出锅装碗成味汁。

4 净锅置火上, 加上植物油烧至八成热, 放入河虾炸至酥脆, 出锅、装碗, 放上小葱末、香菜末搅拌均匀, 倒入味汁盆中, 撒上熟芝麻即成。

小窍门

　　盆盆虾虽没有用到特殊调料, 也没有复杂的做法, 却是江南地区的名菜。江南盆盆虾是四季都受欢迎的好菜, 酒席上人见人爱, 家常菜里更少不了。制作时, 河虾洗净后一定要将水分充分沥干, 这样炸制时可以避免油星四处飞溅, 伤到皮肤。

口味
鲜咸

×凤尾大虾×

A

B

原 料

大虾400克／面包渣100克／净生菜叶75克／鸡蛋
2个／玉米淀粉3大匙／味精少许／料酒、精盐、姜
汁各1小匙／植物油适量

制 作

1 大虾去头，剥去虾壳，留尾，挑净虾线，从虾背处用刀片开，在断面轻剞花刀，加上精盐、料酒、味精、姜汁、香油腌渍入味。

2 鸡蛋放在碗内打散成鸡蛋液；把腌好的大虾逐个拍上淀粉，挂上一层鸡蛋液，蘸满面包渣，用手轻拍粘实。

3 净锅置火上，加上植物油烧至六成热，逐个放入大虾炸至金黄色，捞出、沥油，码入盘中(虾尾朝外)，围上净生菜叶即成。

锅煎虾饼

原料

虾仁粒250克 / 猪肥膘蓉、净豆苗、荸荠末各
50克 / 鸡蛋清1个 / 葱末10克 / 精盐、米醋、味精
各少许 / 料酒1大匙 / 水淀粉5小匙 / 植物油适量

制作

1 虾仁粒、猪肥膘蓉、荸荠末放入盆中，加入
鸡蛋清、味精、葱末、精盐、料酒搅拌至上
劲，加入水淀粉搅匀成虾饼馅料。

2 净豆苗用沸水焯烫一下，捞出、沥水；锅中加
入少许植物油烧热，将虾饼馅料挤成丸子，
放入锅中压成小圆饼后略煎。

3 翻面后用手勺压一下，淋入少许植物油略煎片刻，然后再淋入少许植物油煎至内外熟透，滗去锅
内余油，烹入料酒、米醋炒匀，出锅装盘，用焯熟的豆苗围在周围即成。

口味
鲜咸

西瓜菠萝虾

口味
甜香

原料

大虾500克/西瓜块、菠萝块各100克/面包糠适量/鸡蛋2个/精盐2小匙/料酒、白糖各1大匙/黑胡椒粉1/2小匙/淀粉2大匙/植物油750克（约耗75克）

制作

1 大虾剪去虾线，去掉虾头，挑出虾线，剥去虾壳，洗净，放在容器内，加上精盐、料酒、白糖、黑胡椒粉拌匀，腌渍10分钟。

2 鸡蛋磕在碗里打散成鸡蛋液；把大虾裹上淀粉，放入鸡蛋液中，裹上一层蛋液，再滚上面包糠，压实成大虾生坯。

3 净锅置火上，加入植物油烧至六成热，下入大虾生坯炸至色泽金黄，捞出、沥油，码放在盘内，撒上西瓜块、菠萝块即成。

口味
鲜咸

油焖大虾

原料

对虾6只(约300克) / 葱末、姜末各5克 / 精盐1/2小匙 / 白糖、米醋、料酒各2小匙 / 香油1小匙 / 清汤100克 / 植物油1大匙

制作

1 把对虾剪去额尖、虾须,从对虾背部片开,用牙签挑去沙线,用清水漂洗干净,捞出,沥净水分。

2 净锅置火上,加上植物油烧至六成热,放入对虾煸炒一下至变色,再放入葱末、姜末炒匀出香味。

3 烹入料酒,添入清汤,加入精盐、味精、白糖、米醋烧沸,待汤汁快收干时,捞出对虾,装盘;把锅中汤汁继续加热,放入香油调匀,出锅淋在对虾上即可。

口味
酒香

✦醉基围虾✦

原料

基围虾500克 / 大葱、姜块、蒜瓣各10克 / 黄酒
150克 / 一品鲜酱油2小匙 / 美极鲜1小匙 / 大红浙
醋1/2小匙 / 南乳汁、白糖、胡椒粉各少许

制作

1 将基围虾用清水漂洗干净，捞出、沥水，放
在干净容器内，加入黄酒拌匀，腌渍20分钟
至醉，捞出基围虾，码入盘内。

2 大葱去根和老叶，洗净、沥水，切成碎末；姜
片去皮，洗净，剁成末；蒜瓣剥去外皮，洗
净，沥净水分，压成蒜蓉。

3 葱末、姜末和蒜蓉放在小碗内，加入一品鲜酱油、美极鲜、大红浙醋、南乳汁、白糖和胡椒粉调拌
均匀成味汁，与醉基围虾一起上桌蘸食即成。

╳珧柱炖鲜虾╳

原料

珧柱5粒／鲜虾3个／白菜150克／净仔鸡100克／
火腿15克／精盐2小匙／鸡精1小匙／上汤300克／
胡椒粉少许

制作

1 白菜取菜心洗净，撕成大块，放入沸水锅中焯烫一下，捞出、沥水，放入炖锅中；火腿刷洗干净，切成小粒。

2 珧柱放入碗中，加入清水泡透；鲜虾挑去沙线，洗净；净仔鸡洗净，剁成大块，放入清水锅中煮至熟，捞出、沥水。

3 将珧柱、鲜虾、仔鸡块、火腿粒放入盛有白菜的炖锅中，加入上汤，放入锅中，隔水炖20分钟，加入精盐、鸡精、胡椒粉调好口味，取出上桌即可。

口味
鲜咸

韭香油爆虾

口味 鲜咸

原料

草虾500克／韭菜80克／芝麻25克／姜末10克／精盐1小匙／白糖、米醋各4小匙／番茄酱2大匙／料酒3小匙／酱油1/2小匙／植物油适量

制作

1 草虾去除虾枪、虾须，用草虾背部片开，挑去虾线，洗净、沥水，放入热油锅内炸至色泽金黄，捞出、沥油。

2 将韭菜去根和老叶，用清水洗净，沥净水分，切成小段；把芝麻放入烧热的净锅内煸炒至熟香，出锅、晾凉。

3 净锅置火上，加上少许植物油烧至六成热，下入姜末炝锅出香味，烹入料酒，放入番茄酱翻炒至浓稠。

4 加上精盐、酱油、米醋和白糖翻炒均匀，放入炸好的草虾，加上韭菜段稍炒片刻，待味汁包裹住虾身后，撒入熟芝麻，出锅装盘即可。

小窍门

草虾为当前世界上三大养殖虾类中养殖面积和产量最大的对虾养殖品种，由于该虾喜欢栖息于水草场所，故称为草虾。草虾具有生长快、食性杂、广盐性、养殖周期短、个体大、肉味鲜美、营养丰富、成虾产量高等特点。

⊷ 卤味螃蟹 ⊷

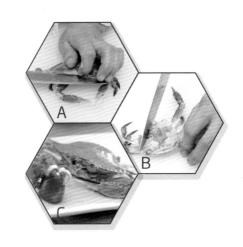

原 料

海蟹3只(约500克) / 卤料包1个(草果3克、肉蔻5克、香叶2克、葱2棵、姜1块) / 酱油1大匙 / 精盐2大匙 / 白糖3大匙 / 味精2小匙 / 老汤适量

制 作

1 净锅置火上，放入白糖及少许清水，用小火熬至暗红色，再加入适量清水煮至沸，离火待凉，制成糖色。

2 海蟹刷洗干净，剥开蟹壳，去除沙袋，冲洗干净；坐锅点火，加入老汤、卤料包烧沸，加入糖色、酱油、精盐、味精煮成卤汤。

3 将收拾好的海蟹放入卤汤中，用小火卤约25分钟，关火后再焖5分钟至入味，捞出海蟹，切成两块，再摆回原来形状，装盘上桌即可。

口味
鲜咸

口味
鲜咸

酥炸海蟹

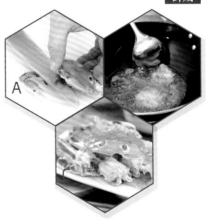

A

原料

活海蟹2只(约700克) / 大葱15克 / 精盐1/2小匙 / 料酒
1大匙 / 味精、米醋各少许 / 淀粉2大匙 / 辣椒粉2小
匙 / 植物油适量

制作

1 把活海蟹去除蟹脐和蟹盖,去掉蟹鳃及内
脏,冲洗干净,剁成两块;大葱去根和老叶,
洗净,切成碎末。

2 将海蟹块放入容器内,加入葱末、料酒、味
精、精盐、米醋和辣椒粉拌匀,腌渍片刻,捞
出,在海蟹刀口断面处拍匀一层淀粉。

3 坐锅点火,加入植物油烧至八成热,放入海蟹块炸至色泽金黄,捞出、沥油,在盘中拼回原形;
把海蟹盖入油锅内炸至金红色,取出,盖在蟹块上即可。

口味
鲜咸

海鲜沙拉

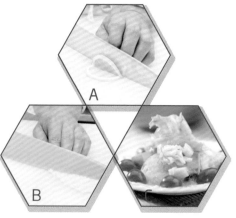

A

B

原料

虾仁、墨鱼各100克／粉丝1小把／圣女果、黄椒、青椒、生菜各少许／精盐、鱼露、辣椒粉各1小匙／白糖1/2小匙／柠檬汁1大匙

制作

1 虾仁去除沙线、洗净；墨鱼洗涤整理干净，切成片，剞上麦穗花刀，与虾仁一起放入沸水中焯至断生，捞出、沥水。

2 圣女果洗净，对半切开；青椒、黄椒分别去蒂、洗净，切成片；生菜洗净、撕碎；粉丝放入清水中浸泡至软，捞出、沥水。

3 将虾仁、墨鱼、水发粉丝、圣女果、青椒片、黄椒片、生菜放入大碗中，加入精盐、白糖、柠檬汁、鱼露和辣椒粉搅拌均匀，码放在盘内，用圣女果围边即成。

鲜汁拌海鲜

原料

大虾200克 / 海螺肉、蛤蜊肉各100克 / 黄瓜75克 / 精盐1小匙 / 料酒1大匙 / 海鲜酱油、大红浙醋各2小匙 / 美极鲜酱油、胡椒粉、味精、香油各少许

制作

1 大虾去壳、虾线，洗净；海螺肉、蛤蜊肉去掉杂质，用清水洗净，沥净水分，片成大片；黄瓜洗净，切成细丝，放在碗内垫底。

2 净锅置火上，加上清水、料酒、少许精盐烧沸，下入大虾、海螺肉、蛤蜊肉焯烫一下，捞出，沥净水分。

3 海鲜酱油、精盐、大红浙醋、美极鲜酱油、胡椒粉、味精和香油调匀成味汁；把大虾、海螺肉和蛤蜊肉放在盛有黄瓜丝的碗内，淋上调好的味汁，食用时拌匀即成。

红焖海参

原料

水发海参750克／香菜根25克／姜块、葱段、蒜瓣各15克／精盐、味精、红豉油、香油各1小匙／料酒、酱油、水淀粉各1大匙／植物油、老汤各适量

制作

1 水发海参去掉内脏和杂质，用清水洗净，放入冷水锅内，加入姜块、葱段、精盐、料酒煮几分钟，捞出、沥水。

2 净锅置火上，加上植物油烧至六成热，加入香菜根、蒜瓣、酱油、红豉油和老汤熬煮25分钟，捞出锅内杂质成酱汁。

3 把水发海参块放入酱汁锅内，再沸后转小火焖约1小时，加入精盐、味精调匀，用水淀粉勾薄芡，淋入香油，出锅装盘即成。

口味
鲜咸

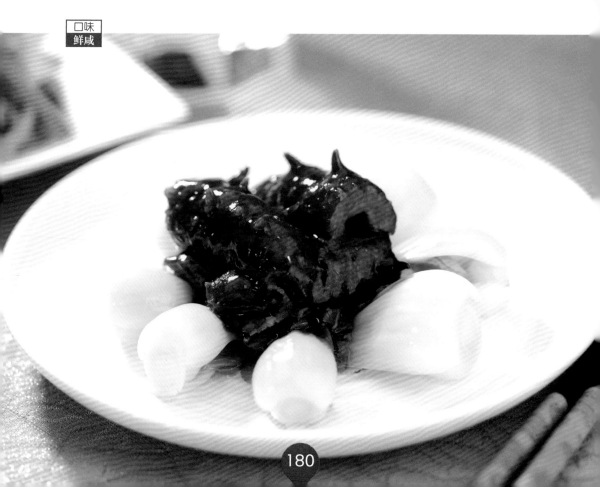

口味
酸辣

⟨酸辣海参⟩

原料

水发海参250克／鸡胸肉150克／鸡蛋皮50克／水发海米10克／香菜段少许／葱丝10克／精盐、味精、胡椒粉、米醋、清汤、酱油、水淀粉、香油各适量

制作

1 水发海参洗净,片成薄片;鸡胸肉切成大片,放在碗中,加上少许料酒、精盐、水淀粉拌匀;鸡蛋皮切成象眼片。

2 净锅置火上,放上少许清汤烧沸,下入海参片、鸡肉片焯烫至熟,捞出,放入汤碗内,撒上葱丝、香菜段和蛋皮片。

3 净锅复置火上烧热,加上清汤、精盐、味精、酱油、水发海米烧沸,撇去浮沫,用水淀粉勾芡,加入米醋和胡椒粉调好酸辣味,淋上香油,出锅倒入海参、鸡肉片的汤碗内即成。

╳乌龙吐珠╳

口味
鲜咸

原 料

水发海参400克 / 鹌鹑蛋150克 / 葱段、姜片各
15克 / 蚝油2小匙 / 胡椒粉、精盐、白糖、淀粉各
少许 / 料酒、酱油、水淀粉各1大匙 / 植物油适量

制 作

1 鹌鹑蛋放入清水锅内煮至熟, 捞出、过凉,
去壳, 放入油锅内炸上颜色, 取出; 水发海
参洗净, 片成大片。

2 净锅置火上烧热, 放入清水、料酒、精盐煮
沸, 放入水发海参片, 用中小火煮3分钟, 捞
出、沥水。

3 净锅置火上烧热, 加上植物油烧至六成热,
放入葱段、姜片炝锅出香味, 放入水发海参
片、鹌鹑蛋炒匀。

4 烹入料酒, 加上蚝油、酱油、胡椒粉、白糖和少许清水烧沸, 改用小火烧焖至入味, 用水淀粉勾
芡, 加入味精调匀, 出锅装盘即可。

小窍门

　　海参为棘皮动物门海参纲动物的总
称, 常见品种有刺参、梅花参、黄玉参、方
刺参、乌虫参等。海参体壁柔韧, 富含结缔
组织, 在我国不仅作为佳肴, 且是滋补品。
清代《本草纲目拾遗》载"海参性温补, 足
敌人参, 故名海参"。

口味
鲜咸

蛎黄煎蛋角

原 料

蛎黄100克 / 海带50克 / 鸡蛋2个 / 葱花10克 / 姜末5克 / 精盐1小匙 / 料酒1大匙 / 米醋少许 / 植物油2大匙 / 香油2小匙

制 作

1 将海带用清水洗净,放入蒸锅中,用旺火蒸约5分钟,取出海带,用冷水冲凉,沥去水分,切成细丝。

2 鸡蛋磕入大碗中,加上少许精盐搅拌均匀成鸡蛋液;蛎黄去除杂质,用清水漂洗干净,沥去水分。

3 锅置火上,加入植物油烧热,放入海带丝和姜末煸炒片刻,加入料酒、精盐、米醋和鸡蛋液炒匀,待鸡蛋液快要凝结时,放入蛎黄肉和葱花煎至熟嫩,取出,切成三角块,装盘上桌即成。

第7天

特色主食篇

Tese Zhushipian

口味
香甜

✕雪梨青瓜粥✕

A

B

原 料

糯米100克 / 雪梨1个 / 青瓜(黄瓜)1条 / 山楂糕1块 /
精盐1/2小匙 / 冰糖1大匙 / 蜂蜜2小匙 / 糖桂花、白糖
各少许

制 作

1 雪梨削去果皮, 去掉果核, 用清水洗净, 切成小块, 加上白糖拌匀; 糯米淘洗干净, 放入清水锅中煮成糯米稀粥。

2 青瓜刷洗干净, 沥净水分, 切成小条, 加上精盐拌匀, 腌渍10分钟, 再换清水洗净, 攥净水分; 山楂糕切成小条。

3 锅置火上, 倒入糯米稀粥烧煮至沸, 下入雪梨块、青瓜条和山楂条稍煮, 加入冰糖搅拌均匀, 继续煮至完全溶化, 加上蜂蜜、糖桂花搅匀, 出锅装碗即成。

桂花糖藕粥

原料

莲藕2块（约200克）/糯米100克/花生75克/红枣5枚（约60克）/香葱少许/白糖4大匙/桂花酱3大匙

制作

1 将糯米淘洗干净，放入清水中浸泡2小时；红枣去核、洗净；花生用清水洗净；香葱洗净，切成香葱花。

2 将莲藕洗净，削去外皮，顶刀切成圆片，放入沸水锅中，加入白糖，用小火煮至熟烂，制成糖藕。

3 坐锅点火，加入清水烧沸，先放入泡好的糯米煮至米粒开花，下入桂花酱、糖藕片、花生、红枣，用小火煮至熟烂，撒上香葱花，出锅盛入大碗中，上桌即成。

口味
香甜

香辣臊子饭

口味
香辣

原料

大米100克／五花猪肉75克／西芹50克／干红辣椒10克／香葱少许／精盐1小匙／酱油、料酒各1大匙／老抽2小匙／五香粉、香油各1/2小匙／熟猪油2大匙

制作

1 五花猪肉洗净，切成碎粒，加上酱油、料酒拌匀；西芹洗净，切成碎粒；干红辣椒去蒂，切成小段。

2 香葱去根和老叶，切成葱花；大米淘洗干净，放入蒸锅内，加上适量的清水，用旺火蒸成大米饭，出锅，放在饭碗内。

3 净锅置火上，加上熟猪油烧热，下入猪肉粒煸炒至变色，下入辣椒段、西芹粒、老抽、精盐和五香粉翻炒均匀，淋上香油成臊子，出锅放在盛有米饭的碗内，撒上香葱花即可。

口味
鲜咸

╳彩椒牛肉饭╳

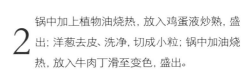

原 料

米饭300克/牛肉150克/青椒、黄椒、红椒各50克/
洋葱30克/水发香菇2朵/鸡蛋液适量/精盐、醪糟、
淀粉、酱油、胡椒粉各1小匙/植物油2大匙

制 作

1 牛肉切成小丁, 加入酱油、醪糟、淀粉调匀, 腌渍10分钟; 青椒、黄椒、红椒去蒂及籽, 洗净, 切成小丁; 水发香菇切成小丁。

2 锅中加上植物油烧热, 放入鸡蛋液炒熟, 盛出; 洋葱去皮、洗净, 切成小粒; 锅中加油烧热, 放入牛肉丁滑至变色, 盛出。

3 锅内留少许底油, 复置火上烧热, 放入香菇丁、洋葱丁炒香, 加入米饭炒散, 放入青椒、红椒、黄椒丁炒匀, 放入牛肉丁、鸡蛋、精盐、胡椒粉翻炒均匀, 出锅装盘即成。

口味
鲜咸

砂锅鸡粥

原料

净仔鸡1只(约750克)/大米150克/干贝25克/鲜香菇、香菜各10克/葱段、葱花、姜片各15克/精盐、料酒各适量

制作

1 大米淘洗干净；香菜洗净，切成小段；干贝用温水泡发，上屉蒸熟，取出、晾凉，撕成细丝；鲜香菇去蒂，洗净，切成小块。

2 净仔鸡放入沸水锅内焯烫一下，捞出、过凉，放入清水锅内烧沸，转小火煮30分钟至熟，捞出；煮仔鸡的原汁过滤后留用。

3 大米入锅，加入煮仔鸡的清汤烧沸，转小火煮至八分熟，倒入砂锅内，加上姜段、葱片、料酒、干贝丝、香菇调匀，用小火熬至熟香，加入精盐，撒上葱花、香菜段，离火上桌即可。

时蔬鸡蛋炒饭

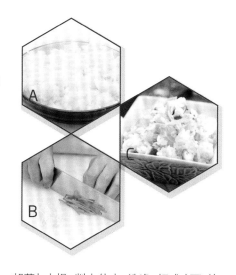

原料

大米饭200克 / 水发香菇50克 / 胡萝卜、生菜各适量 / 鸡蛋1个 / 植物油1大匙 / 葱花15克 / 味精1小匙 / 精盐1/2小匙

制作

1 将鸡蛋磕入碗中，加上少许精盐搅拌均匀成鸡蛋液；水发香菇去蒂，洗净，切成丁，放入沸水锅内焯烫一下，捞出、沥水。

2 胡萝卜去根，削去外皮，洗净，切成小丁，放入沸水锅内焯烫一下，捞出、过凉、沥水；生菜去根，洗净，切成丝。

3 炒锅上火，加入植物油烧至六成热，放入鸡蛋液炒至定浆，下入葱花炒香，加入香菇丁、胡萝卜丁、大米饭炒匀，放入精盐、味精、生菜丝炒至入味，即可装盘上桌。

口味
鲜咸

茶香炒饭

口味
茶香

原料

大米饭400克／虾仁150克／黄瓜25克／青豆15克／
龙井茶10克／鸡蛋3个／大葱15克／精盐2小匙／胡
椒粉少许／植物油适量

制作

1 将龙井茶放入茶杯内，倒入适量的沸水浸
泡成龙井茶水，捞出茶叶；大葱洗净，切成
葱花。

2 将虾仁洗净后攥干水分，从虾背部切开，去
掉虾线；大米饭放入容器中，加入鸡蛋液
拌匀。

3 黄瓜洗净，擦净水分，切成小丁；净锅置火
上，加入植物油烧至五成热，放入虾仁煸炒
出香味，盛出。

4 原锅复置火上，加入植物油烧热，放入调拌好的大米饭翻炒片刻，加上精盐、胡椒粉、青豆、黄瓜
丁、葱花、虾仁翻炒均匀，撒上龙井茶叶，出锅盛入大碗中，再淋上龙井茶水即可。

小窍门

　　各种材料都可以用来炒饭，但搭配和火候各有不同，有的
要突出原味，有的要爆香才提味，所以要注意处理技巧。例如海
鲜类一定要先汆烫去腥，肉类要腌至入味，不易熟的材料要先
炒或煮熟，需要保持颜色的食材最后加入即可。

‹牛肉炒面›

原料

面粉300克／牛肉100克／青椒、红椒各25克／大葱、姜块各10克／精盐1小匙／味精1/2小匙／料酒、酱油各2小匙／肉汤、植物油各适量

制作

1 面粉加上清水和少许精盐和成硬面团，揉匀后擀成大片，折叠后切成面条，放入清水锅内煮至熟，捞出、过凉、沥水。

2 牛肉去掉筋膜，洗净血污，切成细丝；青椒、红椒去蒂、去籽，洗净，切成丝；大葱、姜块分别洗净，均切成细丝。

3 锅中加入植物油烧热，放入葱丝、姜丝炒香，下入牛肉丝略炒，烹入料酒炒至熟香，加入肉汤、精盐、酱油、熟面条、青椒丝、红椒丝和味精翻炒均匀，出锅装盘即可。

口味
鲜咸

口味
咖喱

⟩咖喱牛肉面⟨

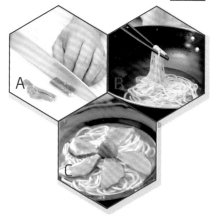

原料

细面条500克／牛肋条肉1块（约300克）／大葱25克／
咖喱粉2小匙／精盐1大匙／味精1小匙／胡椒粉1/2小
匙／植物油3大匙

制作

1 将牛肋条肉洗净，切成大块，放入沸水锅中煮约45分钟至牛肉八分熟，捞出、沥干，切成薄片；大葱洗净，切成末。

2 锅中加入植物油烧热，放入葱末略炒，加咖喱粉、煮牛肉的原汤、牛肉片煮约10分钟，捞出牛肉片成咖喱牛肉汤。

3 锅中加入清水烧沸，放入面条煮至熟，捞出面条，放在面碗中，摆上熟牛肉片，加入精盐、味精、胡椒粉和煮沸的咖喱牛肉汤拌匀，即可上桌食用。

口味
鲜咸

▸萝卜丝饼◂

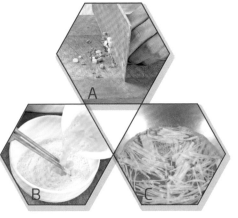

原 料

青萝卜1000克 / 面粉700克 / 火腿丝300克 / 香葱花
150克 / 鸡蛋1个 / 精盐2小匙 / 鸡精、胡椒粉各1小
匙 / 味精、香油各1大匙 / 植物油2大匙

制 作

1 香葱择洗干净，沥水，切成碎末；鸡蛋磕入碗中打散；面粉放盆内，倒入蛋液调匀，再加入适量清水揉成面团。

2 青萝卜削去外皮，切成细丝，放入沸水锅内焯烫一下，捞出、冲凉、沥水，加上火腿丝、香葱花、调料调拌均匀成馅料。

3 面团用湿布盖上，饧30分钟，搓成条，每20克下一个剂，擀成大片，包入馅料，收口封好，压成圆形饼坯，放入热油锅内煎至两面鼓起、熟透、呈金黄色时，出锅装盘即可。

韭菜鸡蛋包

原料

面粉400克/韭菜250克/鸡蛋4个/酵母粉5克/姜块15克/精盐2小匙/味精1/2小匙/香油1大匙/植物油2大匙

制作

1 鸡蛋磕在大碗内，加上少许精盐拌匀成鸡蛋液，下入热油锅内煸炒至熟，取出、晾凉，剁碎；韭菜去根和老叶，洗净，切成碎末。

2 姜块去皮，洗净，切成碎末，放在容器内，先加上鸡蛋碎、韭菜末拌匀，再加上精盐、味精、香油和少许植物油拌匀成馅料。

3 面粉放在容器内，加上酵母粉、清水和匀成面团，用湿布盖严，饧40分钟成发酵面团，搓成长条，每50克下一面剂，擀成圆皮，包入馅料成包子生坯，放入蒸锅内蒸熟，出锅装盘即成。

‹水煎包›

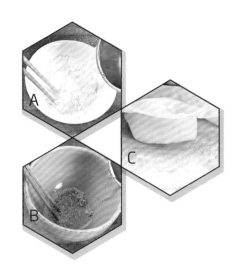

A
C
B

原料

面粉500克／白菜、猪肉馅各250克／酵母粉
10克／葱末、姜末各少许／精盐、味精、酱
油、料酒、白糖、香油、植物油各适量

制作

1 取少许面粉放入碗中，加入清水调匀成面粉
浓浆；酵母粉放入盆内，加入清水、面粉揉
搓均匀成面团，用湿布盖严，饧30分钟。

2 白菜去根，洗净，下入沸水中烫透，捞出、冲
凉，剁碎，挤干水分，加入猪肉馅、葱末、姜
末和调料拌匀成馅料。

3 面团搓条，下小面剂，擀成皮，包入馅料，捏褶收口成包子生坯，放入烧热的平锅内，淋入清水和
面粉浆，盖严锅盖后煎至熟，待浆水结成薄皮时，淋入明油略煎，待包子底部呈金黄色时即成。

口味
鲜咸

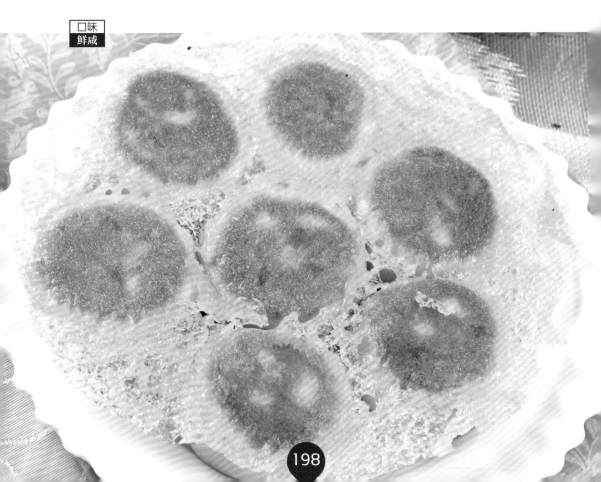

口味
鲜咸

✕牛肉馅饼✕

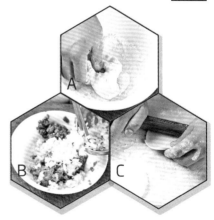

原 料

面粉600克／牛肉末、牛奶各500克／洋葱200克／葱末50克／精盐、花椒粉各1小匙／味精、酱油、香油、植物油各1大匙

制 作

1 面粉放入盆内，加入牛奶搅匀，揉成面团，饧30分钟，搓成长条，做成面剂；洋葱去皮，用清水浸泡10分钟，捞出沥水，切成碎末。

2 牛肉末加入香油、少许冷水，顺一个方向搅拌上劲，加入洋葱末、葱末、酱油、精盐、味精、花椒粉、植物油、香油拌匀成馅料。

3 面剂擀成圆皮，中间放馅料，扯起面皮的一角，一个褶一个褶向前捏成牛肉馅饼生坯，放入烧热的平锅内，粒淋上少许植物油，用小火煎6分钟至两面金黄色，取出沥油，装盘上桌即可。

韭香锅贴

原料

面粉300克 / 韭菜200克 / 胡萝卜75克 / 炸粉丝 50克 / 鸡蛋2个 / 精盐2小匙 / 味精1小匙 / 植物油、香油各适量

制作

1 把面粉放在容器内，加入少许精盐和适量的温水揉搓均匀成面团，稍饧；把少许面粉加上清水搅匀成面粉糊。

2 韭菜去根和老叶，用清水洗净，晾干水分，切成碎末；胡萝卜去皮，切成碎末，加上少许精盐腌出水分。

3 鸡蛋放入锅内翻炒至熟，取出、切碎，加上胡萝卜末、炸粉丝、精盐、味精和香油拌匀，最后加入韭菜末拌匀成馅料。

4 面团搓成长条，下成小面剂，擀成圆皮，放上馅料，捏成锅贴生坯，放入烧热的煎锅内，淋上植物油，中火煎至熟，浇上面粉糊稍焖片刻，出锅装盘即成。

小窍门

韭香锅贴中的韭菜一定不要剁，要切，这样味道才正；切好的韭菜一定等馅料和调味拌匀后再添加，如果添加过早，韭菜容易串味儿；另外韭菜添加后要轻轻搅拌，如果用力搅拌，韭菜颜色就会发生改变，其鲜嫩的味道会大打折扣。

口味
鲜咸

灌汤煎饺

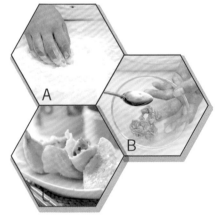

原料

面粉500克／羊肉末400克／鸡汁冻150克／葱末
30克／姜末、蒜末各20克／精盐1小匙／料酒、酱油
各1大匙／鸡精、味精、淀粉、香油、植物油各适量

制作

1 将1/3的面粉放入容器内，倒入适量沸水和成烫面，加入其余的2/3面粉和少许凉水和成面团，盖上湿布稍饧。

2 羊肉末加入料酒、香油、酱油、精盐、鸡精、味精搅匀；把鸡汁冻切碎，同葱末、姜末、蒜末一起放入羊肉末内拌匀成馅料。

3 将面团搓成长条，揪成小剂子，擀成圆皮，中间包入馅料，捏成半圆形饺子坯，放入烧热的煎锅内，淋上植物油，用中火煎至饺子底面呈微黄色，改用小火煎至熟透，出锅扣入盘内即成。

蟹黄饺

原料

面粉500克／韭黄（切碎）250克／净虾仁（切粒）、蟹黄各100克／鸡蛋4个／精盐2小匙／味精1小匙／鸡精、胡椒粉、香油各适量

制作

1 鸡蛋打散，放入热油锅内炒熟，出锅、晾凉，切碎；面粉倒入适量开水搅拌并烫熟，揉成面团，盖上湿布，饧30分钟。

2 蟹黄放在碗内，上屉蒸至熟，取出、晾凉，切成碎末，加上虾仁粒、韭黄碎、鸡蛋、精盐、味精、香油、胡椒粉、鸡精拌匀成馅料。

3 把饧好的面团搓成长条状，每10克下一个面剂，擀成薄圆皮，包入馅料，捏成月牙形成蟹黄饺生坯，放入蒸锅内，用旺火蒸约8分钟至熟，取出装盘即成。

口味
鲜咸

茴香鸡蛋盒

原料

面粉500克／茴香300克／鸡蛋4个／姜末15克／精盐1大匙／味精、鸡精各1/2小匙／香油2小匙／植物油2大匙

制作

1 鸡蛋磕在碗内，加上少许精盐拌匀，下入热油锅内炒至熟，出锅、晾凉、切碎；茴香去根，洗净，沥水，切成碎末。

2 把鸡蛋碎、茴香碎放在容器内，加上姜末、精盐、味精、鸡精、少许植物油和香油拌匀成馅料。

3 面粉放在容器内，加上适量的温水揉搓均匀成面团，搓成长条，下成面剂，包入馅料成盒子生坯，放入热煎锅内，用中火煎至两面色泽金黄、酥香，出锅装盘即成。

口味
鲜咸

芹菜鸡肉饺

原 料

面粉400克／芹菜碎、鸡肉末各100克／干香菇30克／鸡蛋1个／葱末、姜末各20克／精盐2小匙／味精1小匙／料酒1大匙／香油4小匙

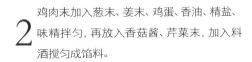

制 作

1 面粉加入适量清水调匀，揉搓均匀成面团，饧约10分钟；干香菇放入粉碎机中打成粉状，放入碗中，加入开水调匀成香菇酱。

2 鸡肉末加入葱末、姜末、鸡蛋、香油、精盐、味精拌匀，再放入香菇酱、芹菜末，加入料酒搅匀成馅料。

3 面团放在案板上，搓成长条状，每15克下一个面剂，擀成面皮，放上适量馅料，捏成半月形饺子，放入清水锅内，加上少许精盐煮至熟，捞出、沥水，装盘上桌即成。

口味
鲜咸

◄ 煎饼春盒 ►

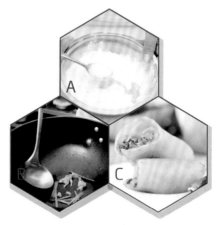

A

B

C

原 料

面粉250克／熟猪肉丝200克／绿豆芽150克／韭菜段
100克／鸡蛋2个／水发海米25克／精盐1小匙／味精、
鸡精各1/2小匙／香油2小匙／植物油适量

制 作

1 面粉加入鸡蛋、少许精盐和适量清水调成
稀糊，放入烧热的平锅内，摇动锅摊匀成薄
圆饼，再小火煎至熟，取出。

2 净锅置火上，加上植物油烧热，加入熟猪肉
丝、绿豆芽、水发海米、韭菜段、精盐、鸡
精、味精和香油炒匀成馅料，出锅、晾凉。

3 薄圆皮中间放上适量的馅料，卷成盒状；净锅复置火上，刷上少许植物油烧热，放入饼盒坯，烙
至两面呈金黄色，取出装盘即成。

206

翡翠虾仁饺

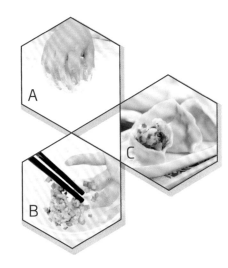

原料

面粉、菠菜各500克 / 猪肉末300克 / 虾仁150克 /
韭菜末100克 / 精盐、味精各1小匙 / 料酒、酱油、
香油各2小匙 / 植物油2大匙

制作

1 菠菜洗净，剁成细末，加入少许精盐，放在
净纱布上，包紧，挤出绿菠菜汁；虾仁去掉
虾线，洗净，切成碎粒。

2 将1/2的面粉放在容器内，加入沸水略烫一
下，再加入绿菠菜汁和另外一半的面粉和成
面团，略饧。

3 猪肉末、虾仁粒放入容器内，加入所有调料调匀，再放入韭菜末拌匀成馅料；面团揪成剂子，擀
成圆皮，抹上馅料，合拢收口，捏成月牙形饺子生坯，摆入蒸锅内，用旺火蒸至熟，装盘即成。

口味
鲜咸

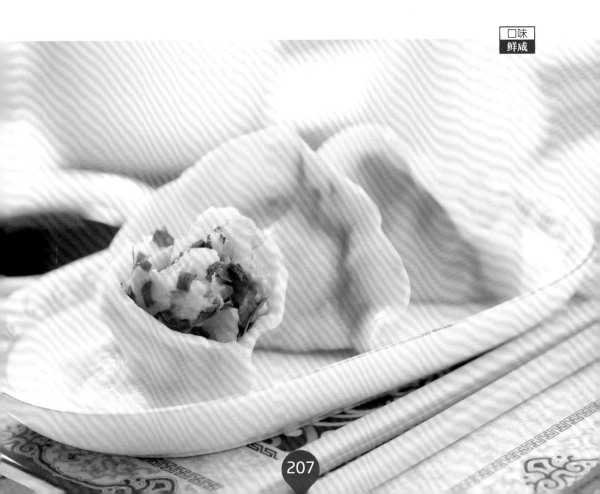

翡翠拨鱼

口味
鲜咸

原料

面粉、菠菜、猪肉末各150克 / 茄子、绿豆芽、青椒、红椒、鸡蛋各适量 / 葱末、姜末各10克 / 精盐、胡椒粉、酱油、料酒、植物油、花椒油各适量

制作

1 把菠菜洗净,放入粉碎机中,磕入鸡蛋,加上精盐、料酒和清水搅打成泥,取出,拌入面粉成糊状,饧20分钟。

2 茄子去皮,切成小丁;青椒、红椒分别洗净,也切成丁;猪肉末放在碗内,加入料酒、酱油、胡椒粉、植物油拌匀。

3 净锅置火上,放入植物油烧至六成热,加入姜末、肉末炒至变色,加入茄子丁、酱油、精盐、胡椒粉和味精炒至熟。

4 加入青椒丁、红椒丁炒匀,出锅后淋上烧热的花椒油成面卤;锅中加上适量清水、精盐煮至沸,用筷子拨入面糊成拨鱼,加入豆芽稍煮,出锅装在面碗内,淋上面卤即可。

小窍门

翡翠拨鱼中的翡翠是指用菠菜汁加工而成的绿色面条,其口感软滑、营养丰富。除了用菠菜制作绿色面团外,家庭中也可以用其他蔬菜,比如胡萝卜、南瓜等制作出红色面团、黄色面团等,成品也比较有特色。

象生橘子

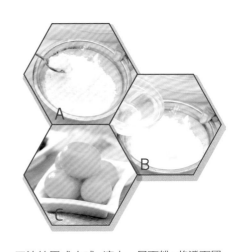

原料

澄面300克／淀粉200克／豆沙馅150克／吉士粉
50克／面粉少许／白糖30克／蜂蜜2小匙／熟猪油
2大匙

制作

1 澄面放在容器内,加入淀粉、白糖、熟猪油和蜂蜜搅拌均匀,再用少许沸水烫至透,然后加入吉士粉揉匀,制成澄面团。

2 豆沙馅团成小球,滚上一层面粉;将澄面团搓成长条,每25克下一个面剂,压扁后包入一个豆沙馅,做成金橘形生坯。

3 蒸锅内加入适量的清水,置于火上烧煮至沸,摆上算子,涂抹上少许熟猪油,摆上金橘生坯,用旺火蒸5分钟至熟,取出装盘,上桌即可。

口味
香甜

口味
香甜

◂酥香糯米条▸

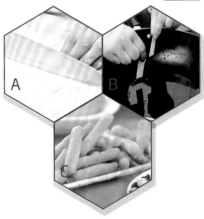

原料

糯米粉3小碗（约500克）/青丝、红丝各10克/白糖
400克/饴糖100克/蜂蜜2小匙/植物油1000克（约耗
100克）

制作

1 将糯米粉450克放在容器内，先加入饴糖和少许白糖调匀，再倒入适量沸水烫至熟，晾凉，揉入余下的糯米粉揉搓成粉团。

2 把粉团盖上湿布稍饧，放在案板上，擀成方片，切成小条，放入烧至五成热的油锅内，中火炸呈金黄色，捞出、装盘。

3 将150克清水、250克白糖和蜂蜜放入净锅内，加上青丝、红丝，用小火熬成能拔出丝的糖浆，浇在炸好的糯米条上，用铲子翻拌至将凉时，撒入余下的白糖后继续拌匀、拨散即成。

◂莲蓉甘露酥▸

原料

中筋面粉500克 / 莲蓉馅400克 / 鸡蛋4个 / 糖粉
300克 / 熟猪油150克 / 发酵粉2小匙 / 吉士粉1小匙 /
植物油1大匙

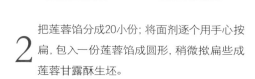

制作

1 中筋面粉内放入鸡蛋、糖粉、熟猪油调匀，再加入适量温水和成软硬适度的面团，加入发酵粉、吉士粉揉匀，分成20个面剂。

2 把莲蓉馅分成20小份；将面剂逐个用手心按扁，包入一份莲蓉馅成圆形，稍微揿扁些成莲蓉甘露酥生坯。

3 烤盘内刷上植物油，摆上莲蓉甘露酥生坯，用小毛刷在表面刷少许鸡蛋液，把烤盘放入预热的烤箱内，用220℃烤约15分钟至金黄色，取出装盘即成。

✕风味蛋黄酥✕

口味
香甜

原料

低筋面粉250克／玉米淀粉75克／鸭蛋黄3个／黄油1小块／白糖4大匙／牛奶5大匙／蜂蜜1大匙／熟猪油适量

制作

1 鸭蛋黄放入蒸锅内蒸熟，取出、晾凉，压成细蓉；室温下把黄油放软，加上白糖搅打至松发、颜色变浅。

2 把低筋面粉、玉米淀粉过细筛，放在容器内，加上牛奶、黄油、鸭蛋黄、蜂蜜和熟猪油，反复揉搓成面团。

3 把面团盖上湿布、稍饧，放在案板上，擀成1厘米厚的大片，切成长方形小条，放在烤盘内，放入预热的烤箱内，用170℃烤10分钟，然后调温至150℃烤8分钟即成。

⋈ 马蹄糕 ⋈

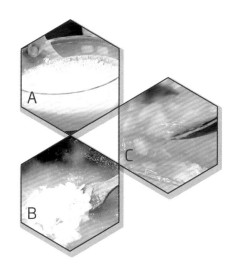

原料

马蹄(荸荠)250克 / 绿豆淀粉200克 / 净葡萄干25克 / 精盐少许 / 蜂蜜2大匙 / 香油1小匙 / 植物油1大匙

制作

1 马蹄削去外皮,洗净,切成薄片,放在容器内,加上精盐和清水漂洗干净,沥水;绿豆淀粉加入适量的清水搅匀,静置20分钟。

2 锅置火上,加入半锅清水烧沸,慢慢淋入绿豆淀粉并不停地搅动,再转小火熬至浓稠状时,放入马蹄片搅拌至上劲成糊状。

3 把浓糊倒入抹有香油的容器中,晾凉后取出,切成长方形块,放入烧热的油锅内,用旺火煎至两面呈淡黄色,出锅装盘,撒上净葡萄干,淋上蜂蜜即可。

口味
香甜

DVD

口味
鲜咸

香肉粽子

原料

粘黄米500克 / 猪五花肉300克 / 精盐1小匙 / 五香粉、味精各1/2小匙 / 白糖2大匙 / 料酒2小匙 / 苇叶、马莲草各适量

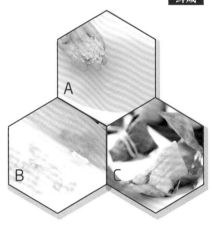

A

B   C

制作

1 粘黄米淘洗干净，用清水泡涨；猪五花肉洗净，切成小块，放入容器内，加入料酒、精盐、味精、五香粉拌匀，腌渍入味。

2 两张苇叶毛面相背，折合成三角形兜，捞入粘黄米，放入腌好猪肉1块，再捞入粘黄米，折合苇叶包严，用马莲草系紧成生坯。

3 将粽坯放入锅内，加入适量清水，用旺火煮2小时，加入少许清水，改用小火焖煮至熟透，出锅，捞入盛有凉水的容器内，食用时剥去苇叶，放入盘内，撒上白糖即成。

双色菊花酥

口味
鲜咸

原 料

低筋面粉300克／菊花1朵（约10克）／鸡蛋2个／
红樱桃少许／蜂蜜2大匙／植物油1000克（约耗
100克）

制 作

1 菊花洗净，放入茶杯中，加入热水浸泡成菊花茶，晾凉；低筋面粉磕入鸡蛋，倒入菊花茶水和匀成面团，饧10分钟。

2 将饧好的面团揉搓成长条，切成每个25克重的小面剂，擀成圆形面皮，每个面皮切成4小块扇形。

3 把4小块扇形面皮叠放在一起，用快刀切成细丝，再用筷子夹起，从中间轻轻按下成菊花酥生坯。

4 净锅置火上，加入植物油烧至六成热，放入菊花酥生坯炸至熟脆，捞出、沥油，摆放入大盘中，中间用红樱桃点缀，淋上蜂蜜即成。

小窍门

　　面粉的种类比较多，其中低筋面粉颜色较白，用手抓易成团。低筋面粉的蛋白质含量平均在8.5%左右，蛋白质含量低，麸质也较少，因此筋性亦弱，比较适合用来做蛋糕、松糕、饼干、菊花酥以及挞皮等需要蓬松酥脆口感的点心。

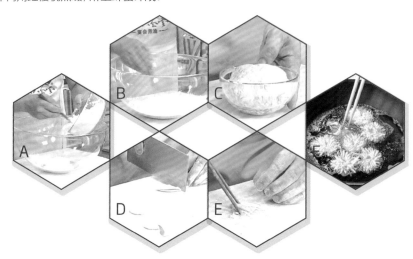

春季 Spring

饮食原则 ▼

　　春季正是大自然气温上升、阳气逐渐旺盛的时候，人体之阳气也顺应自然，呈现向上，向外舒发的现象，是一年中体质投资的最佳时节。

　　春季养生应以补肝为主。如偏于气虚的，可多选用一些健脾益气的食物，如红薯、山药、土豆、鸡蛋、鸡肉、牛肉、瘦猪肉、花生、芝麻、大枣、栗子等。偏于阴气不足的，可选一些益气养阴的食物，如胡萝卜、豆芽、豆腐、莲藕、荸荠、百合、银耳、蘑菇、鸭蛋、鸭肉、兔肉等。

适宜菜品 ▼

双椒拌海螺38／粉丝炝菠菜39／爆炒鸡丁42／苋菜海蜇头88／
家常素丸子98／烧汁茄夹103／香芹烧木耳111／草菇什锦汤116／
龙井鸡片汤123／明珠扒菜心135／椿芽煎蛋饼137／烟熏素鹅148／
糖醋瓦块鱼156／煎蒸银鳕鱼160／江南盆盆虾166／锅煎虾饼169／
卤味螃蟹176／海鲜沙拉178／乌龙吐珠182／蛎黄煎蛋角184／
彩椒牛肉饭189／时蔬鸡蛋炒饭191／茶香炒饭193／
萝卜丝饼196／水煎包198／灌汤煎饺202／茴香鸡蛋盒204／
芹菜鸡肉饺205／翡翠拨鱼209／双色菊花酥216

夏季 Summer

饮食原则 ▼

　　夏季饮食养生应坚持四项基本原则，即饮食应以清淡为主，保证充足的维生素和水，保证充足的碳水化合物及适量补充蛋白质。夏季的营养消耗比较大，而天气炎热又影响人的食欲，所以要格外注意多补充优质的蛋白质，如鱼、瘦肉、蛋、奶和豆类等营养物质；吃些新鲜蔬菜和水果，如番茄、青椒、冬瓜、西瓜、杨梅、甜瓜、桃、梨等以获得充足的维生素；补充足够的水分和矿物质，如豆类、豆制品、香茄、水果、蔬菜等。

适宜菜品 ▼

卤味金钱肚40／熘炒肉片50／肉皮冻57／翡翠腰花58／如意蛋卷69／
糖醋小排77／葱油羊腰片79／椒油炝双丝87／鲜虾炝豇豆91／
香酥萝卜丸92／椒盐藕片95／炝拌芥蓝100／口蘑炝菜心110／
紫菜蔬菜卷114／醉腌三黄鸡119／荷叶粉蒸鸡122／橙香鸡卷125／
鸡汤烩菜青126／巧拌鸭胗134／芥菜扒素鸡144／豆皮鲜虾145／
腐竹炝嫩芹146／香干西芹147／五彩鱼皮161／芥末北极贝162／
西瓜菠萝虾170／醉基围虾172／韭香锅贴200／煎饼春盒206／马蹄糕214

秋季 Autumn

饮食原则 ▼

　　秋季养阴是关键。经过漫长的夏季，人体的损耗较大，故秋季易出现体重减轻、倦怠无力、讷呆等气阴两虚的症状。秋季应多食芝麻、核桃、银耳、百合、糯米、蜂蜜、豆浆、梨、甘蔗、乌骨鸡、藕、萝卜、番茄等具有滋阴作用的食物。此外，莲子、山药、莲藕、黄鳝、板栗、花生、红枣、海蜇、黄芪、枸杞等也是不错的选择。秋天鱼类、肉类、蛋类食品也比较丰富，在膳食调配方面要注意摄取食品的平衡。

适宜菜品 ▼

五香酱鸡腿41／三鲜蒸南瓜46／红烧小肉丸52／酥香肉段53／
清炖狮子头55／金牌沙茶骨62／木须肉68／叉烧排骨71／
芝麻牛排75／牛肉扒菜心84／土豆赛鸽蛋94／一品香酥藕96／
彩椒山药97／酱烧茄子102／苦瓜酿肉105／芦笋烧竹荪112／
特色香卤鸡118／芙蓉菜胆鸡121／米椒爆鸡翅129／锦绣蒸蛋138／
干煎黄花鱼153／酱香鳜鱼155／豉汁盘龙鳝157／红焖海参180／
砂锅鸡粥190／牛肉炒面194／牛肉馅饼199／象生橘子210／
莲蓉甘露酥212／风味蛋黄酥213

冬季 Winter

饮食原则 ▼

　　冬季阴气盛极，阳气潜伏，草木凋零、蛰虫伏藏。冬季饮食要格外注意多补充热源食物，增加热能的供给，提高机体对低温的耐受力；要多补充含蛋氨酸和无机盐的食物，以提高机体御寒能力；要多吃富含维生素B_2、维生素A、维生素C的食物。适宜冬季的食材有粳米、玉米、小麦、黄豆、等豆谷类；韭菜、香菜、大蒜等蔬菜；羊肉、狗肉、牛肉、鸡肉及鳝肉、鲤鱼、鲢鱼、带鱼、虾等海鲜类；橘子、椰子、菠萝、桂圆等水果。

适宜菜品 ▼

葱烧大肠45／小鸡炖蘑菇48／豆豉千层肉51／百花酒焖肉54／
家常扒五花60／南乳红烧肉61／腊八蒜烧猪手64／酸菜五花肉67／
粉蒸牛肉73／枸杞炖牛鞭76／山药炖羊肉78／金针菇小肥羊80／
栗子扒油菜85／蒜薹拌猪舌93／沙茶茄子煲107／瓜干荷兰豆108／
卤香猴头菇113／白果腐竹炖乌鸡127／黄油灌鸡肉汤丸128／
红枣花雕嘻132／五香熏马哈152／油渣蒜黄蒸鲈鱼159／油焖大虾171／
酥炸海蟹177／酸辣海参181／香辣臊子饭188／咖喱牛肉面195／
韭菜鸡蛋包197／翡翠虾仁饺207／酥香糯米条211

▷ 索引 1
四季 Season

▽ 索引 2
人群 People

◢ 少年
◢ 女性
◢ 男性
◢ 老年

少年 Adolescent

饮食原则 ▼

少年是儿童进入成年的过渡期，此阶段少年体格发育速度加快，身长、体重突发性增长是其重要特征。此外，少年还要承担学习任务和适度体育锻炼，故充足营养是体格及性征迅速生长发育、增强体魄、获得知识的物质基础。少年的饮食要注意平衡，鼓励多吃谷类，以供给充足能量；保证鱼、禽、肉、蛋、奶、豆类和蔬菜供给，满足少年对蛋白质、钙、铁的需要；此外，也可增加饮食维生素C量，以促进铁吸收。

适宜菜品 ▼

女性 Female

饮食原则 ▼

女性有着与男性不同的营养需要。女性可能需要很少的热量和脂肪，少量的优质蛋白质，同量或多一些的其他微量元素等。很多女性由于工作节奏快或者学习压力大，常常无暇顾及饮食营养和健康，常吃快餐或方便食品，因而造成营养不平衡，时间长了必然会影响身体健康。女性饮食包括适量的蛋白质和蔬菜，一些谷物和相当少量的水果和甜食。此外，大量的矿物质尤为适合女性。

适宜菜品 ▼

男性 Male

饮食原则 ▼

男性作为一个社会生产、生活的主力军，承受着比其他群体更大的压力，受不良生活方式侵袭的机率较大，对自身营养关注不够，很容易发生因营养失衡而引起的一系列生活方式疾病。因此，关注男性营养，促使其采取良好的饮食方式，养成健康的饮食习惯，对于保护和促进其健康水平，保持旺盛的工作精力极为重要。男性在营养平衡的基础上，其基本膳食准则为节制饮食、规律饮食和加强运动。一般男性应该控制热能摄入，保持适宜蛋白质、脂肪、碳水化合物供能比，并增加膳食中钙、镁、锌摄入，以利于身体健康。

适宜菜品 ▼

双椒拌海螺38／香煎牡蛎44／葱烧大肠45／豆豉千层肉51／酥香肉段53／
百花酒焖肉54／翡翠腰花58／枸杞炖牛鞭76／苋菜牛肉片89／蒜薹拌猪舌93／
沙茶茄子煲107／醉腌三黄鸡119／醪糟腐乳翅130／巧拌鸭胗134／
腐皮鸭肉卷136／烟熏素鹅148／五香熏马哈152／豉汁盘龙鳝157／
油渣蒜黄蒸鲈鱼159／辣汁三文鱼163／江南盆盆虾166／锅煎虾饼169／
醉基围虾172／鲜汁拌海鲜179／酸辣海参181／乌龙吐珠182／蛎黄煎蛋角184／
香辣臊子饭188／咖喱牛肉面195／牛肉馅饼199

老年 Elderly

饮食原则 ▼

人进入老年后，体内的营养消化、吸收功能及机体代谢机能均逐渐减退，从而导致机体各系统组织的功能发生一系列的变化，发生不同程度的衰老和退化。老年期对各种营养素有了特殊的需要，但营养均衡仍是老年人饮食营养的关键。老年营养均衡总的原则是热能不高，蛋白质质量高，数量充足；动物脂肪、糖类少；维生素和矿物质充足。所以据此可归纳为三低（低脂肪、低热能、低糖）、一高（高蛋白）、两充足（充足的维生素和矿物质），还要有适量的食物纤维素，这样才能维持机体的营养平衡。

适宜菜品 ▼

粉丝炝菠菜39／卤味金钱肚40／萝卜煮蜇丝47／小鸡炖蘑菇48／
南乳红烧肉61／酸菜五花肉67／牛肉扒菜心84／栗子扒油菜85／
家常素丸子98／酱烧茄子102／香芹烧木耳111／芦笋烧竹荪112／
百叶结虎皮蛋141／白菜豆泡汤143／芥菜扒素鸡144／腐竹炝嫩芹146／
香干西芹147／干煎黄花鱼153／酱香鳜鱼155／香煎大虾165／
珧柱炖鲜虾173／红焖海参180／砂锅鸡粥190／萝卜丝饼196／
韭香锅贴200／茴香鸡蛋盒204／翡翠拨鱼209／酥香糯米条211／
风味蛋黄酥213／马蹄糕214

《精选美味家常菜》　　《秘制南北家常菜》

央视金牌栏目《天天饮食》原班人马，著名主持人侯军、蒋林珊、李然、王宁、杜沁怡等倾力打造《我家厨房》。扫描菜肴二维码，一菜一视频，学菜更为直观，国内第一套真正全视频、全分解图书。

（精装大开本，一菜一视频，学菜更直观，一学就会，超值回馈）

百余款美味滋补靓粥
给你家人般爱心滋养

　　《阿生滋补粥》是一本内容丰富、功能全面的靓粥大全。本书选取家庭中最为常见的食材，分为清淡素粥、浓香肉粥、美味海鲜粥、怡人杂粮粥、滋养药膳粥五个篇章，介绍了近200款操作简单、营养丰富、口味香浓的家常靓粥。

美食是一种享受生活的方式
烹调则是在享受其中的乐趣

　　本书选取家庭最为常见的18种烹饪技法，为您详细讲解相关的技巧和要领的同时，还精心挑选了多款营养均衡、适宜家庭制作的美味菜肴，图文并茂、简单明了，让您一看就懂，一学就会，快速掌握家常菜肴的制作原理和精髓，真正领略到烹饪的魅力。

图书在版编目（ＣＩＰ）数据

7天升级版家常菜 / 7天编委会编. -- 长春：吉林
科学技术出版社，2014.11
ISBN 978-7-5384-8498-4

Ⅰ. ①7… Ⅱ. ①7… Ⅲ. ①家常菜肴－菜谱 Ⅳ.
①TS972.12

中国版本图书馆CIP数据核字(2014)第263927号

7天升级版家常菜

Qitian Shengjiban Jiachangcai

　　　　　　编　　7天编委会
出 版 人　李　梁
策划责任编辑　张恩来
执行责任编辑　赵　渤
封面设计　长春创意广告图文制作有限责任公司
制　　版　长春创意广告图文制作有限责任公司
开　　本　720mm×1000mm　1/16
字　　数　250千字
印　　张　14
印　　数　1-10 000册
版　　次　2015年1月第1版
印　　次　2015年1月第1次印刷
出　　版　吉林科学技术出版社
发　　行　吉林科学技术出版社
地　　址　长春市人民大街4646号
邮　　编　130021
发行部电话/传真　0431-85677817　85635177　85651759
　　　　　　　　　　　85651628　85600611　85670016
储运部电话　0431-86059116
编辑部电话　0431-85635186
网　　址　www.jlstp.net
印　　刷　沈阳天择彩色广告印刷股份有限公司
书　　号　ISBN 978-7-5384-8498-4
定　　价　29.90元
如有印装质量问题可寄出版社调换